四川重要野生食用蕈菌图鉴

何晓兰　彭卫红　王　迪　著

科学出版社

北　京

内容简介

本书主要展示了在四川市场上常见的野生食用菌资源，虽未能全面囊括四川地区可食药用的真菌种类，但“窥一斑而知全豹”，读者可透过本书对四川丰富的野生食用菌物种多样性有较为客观的认识。本书分为两章。第一章，对四川地理、气候和植被概况、四川食用菌资源状况等做了简要介绍。第二章，对四川市场上可见的野生食用蕈菌物种资源进行了详细介绍，分子囊菌和担子菌两部分。子囊菌部分以物种属名及种加词拉丁名首字母音序先后介绍；担子菌分为伞菌类、鸡油菌类、牛肝菌类、珊瑚菌类/胶质菌类及腹菌类、多孔菌类、齿菌类六部分，每个类群也以物种属名及种加词拉丁名首字母音序先后介绍。全书正文部分共介绍162种，每种都配以市场或野外照片，对物种的俗名、形态特征、分布地、引证标本等进行了详细介绍。

本书可供菌物学、食用菌学、林学及生物多样性等相关科研教学人员及蘑菇爱好者使用。

图书在版编目(CIP)数据

四川重要野生食用蕈菌图鉴/ 何晓兰，彭卫红，王迪著. —北京：科学出版社，2021.10

ISBN 978-7-03-068055-6

Ⅰ. ①四… Ⅱ. ①何… ②彭… ③王… Ⅲ. ①野生植物-食用菌-四川-图集 Ⅳ. ①S646-64

中国版本图书馆 CIP 数据核字（2021）第 025380 号

责任编辑：孟 锐 / 责任校对：彭 映
责任印制：罗 科 / 封面设计：墨创文化

科学出版社出版
北京东黄城根北街16号
邮政编码：100717
http://www.sciencep.com

成都锦瑞印刷有限责任公司印刷
科学出版社发行 各地新华书店经销
*
2021年10月第 一 版 开本：787×1092 1/16
2021年10月第一次印刷 印张：13 1/4
字数：320 000

定价：148.00 元

前　言

四川省位于我国西南腹地，其复杂的地形地貌、多种多样的气候和植被类型为大型真菌的生长演化提供了有利的条件。四川是国内菌物资源最为丰富的地区之一，孕育了包括冬虫夏草*Ophiocordyceps sinensis*、松口蘑（松茸）*Tricholoma matsutake*、块菌*Tuber* spp.、羊肚菌*Morchella* spp.等名贵食药用真菌在内的许多种类。先前出版的《川西地区大型经济真菌》《四川蕈菌》《四川省甘孜州菌类志》《四川盆地蕈菌图志》等区域性著作也展示了四川丰富的野生菌资源状况。四川许多地区有采食和售卖野生食用菌的习惯，形成了一些颇具地方特色的野生菌交易市场。但长期以来，提起野生食用菌，多数人只知云南是“野生食用菌王国”而不知其邻居四川同样也是野生食用菌的宝库。四川野生菌的名气远不及云南野生菌，四川市场上售卖的野生菌物种多样性状况也并不为外界所了解和认识。

20世纪90年代以来，分子生物学技术在分类上的应用对传统的形态学分类产生了极大的冲击，DNA序列分析从根本上颠覆了一些传统的分类观点，真菌分类系统也被不断地修订，人们对物种的认识也在不断地深入，许多传统的学名也早已变更或被废弃。同时，新的物种也在不断被发现。许多在市场上大量售卖的野生食用菌已被证实是未被认识的新物种，它们不再沿用欧美的名称。例如，此前被鉴定为“红菇蜡伞*Hygrophorus russula*”、在川西市场上大量售卖的“青冈菌”已被正式描述为“红青冈蜡伞*Hygrophorus deliciosus*”；在康定市场及凉山州多地极常见、产量很大的“青菌”也被证实是新物种中华灰褐纹口蘑*Tricholoma sinoportentosum*。

为了探究四川野生食用菌资源的家底，作者在国家自然基金项目和四川省创新能力提升等项目的支持下，历时8年，对四川主要产区的野生菌交易市场进行了调查，收集了相关标本，在查阅相关类群最新发表文献的基础上，结合形态学和DNA

序列对所收集的标本进行了鉴定，结果表明，四川市场上售卖的野生食用菌种类超过200种！

本书所呈现的只是市场上售卖的野生菌的一部分，有许多无法鉴定到物种水平的都被排除在外，尤其是羊肚菌属*Morchella*、丝膜菌属*Cortinarius*、蚁巢伞属*Termitomyces*、红菇属*Russula*和枝瑚菌属*Ramaria*的许多种类，这些难以鉴定的物种中仅有少数极常见或较独特的种类以“sp.”的形式在书中予以了介绍；同时还有部分种类因为无合适的照片或缺少凭证标本，也并未囊括在本书中。相信随着调查和研究的不断深入，四川市场上售卖的野生菌种类还会增加，许多物种的学名也可能发生改变。本书中所记载的种类全是基于市场调查的结果，当地民众也都有采食习惯，但其中有些种类在一定条件下可能对部分人群有毒，比如毛钉菇*Gomphus floccosus*、乳牛肝菌*Suillus* spp.等，普通民众应谨慎对待野生菌，本书作者及出版社对误食毒蘑菇产生的后果不负责任。

在《四川重要野生食用蕈菌图鉴》编撰过程中，作者得到了众多国内外同行的帮助和支持，在此一并致谢，他们是：吉林农业大学李玉院士、张波博士；北京林业大学戴玉成教授、崔宝凯教授；中国科学院微生物研究所魏铁铮博士；中国科学院昆明植物研究所杨祝良研究员、王向华博士、赵琪博士、吴刚博士；贵州科学院邓春英博士；重庆师范大学杜习慧博士；攀枝花市农林科学院柳成益副研究员；湖南师范大学陈作红教授；广东省微生物研究所李泰辉研究员、王超群博士、张明博士；中国热带农科院热带作物研究所马海霞博士；海南医学院曾念开教授。

本书的出版得到了国家自然科学基金（No.31770020）和四川省创新能力提升工程（2016ZYPZ-028）支持。

由于作者水平有限，书中定然存在一些错漏之处，敬请读者批评指正，以便再版时改进。

目　录

第一章　概述……1

第一节　四川地貌及植被类型……3

第二节　四川大型真菌资源概况……4

第三节　四川野生食药用菌资源……5

第二章　野生食用蕈菌物种资源……17

第一节　子囊菌……18

第二节　担子菌……35

一、伞菌类……36

二、鸡油菌类……121

三、牛肝菌类……130

四、珊瑚菌类、胶质菌类及腹菌类……160

五、多孔菌类……170

六、齿菌类……180

附录……190

参考文献……193

真菌汉语名索引……199

真菌拉丁名索引……203

第一章 概 述

第一节 四川地貌及植被类型

四川省坐落在中国西南腹地，位于东经97°21′～108°33′和北纬26°03′～34°19′之间，地处青藏高原与长江中下游平原之间的过渡地带。北连陕西、甘肃、青海，南接云南、贵州，东邻重庆，西衔西藏，跨青藏高原、横断山脉、云贵高原、秦巴山地和四川盆地等几大地貌单元。四川全省地貌可分为平原区、丘陵区、高原区、山地区（四川植被协作组，1980）；大致以龙门山、大相岭、大凉山为界，西高东低。四川西部多为高山高原及山地，是横断山脉的重要组成部分，山体海拔多在3000m以上；东部为四川盆地及盆缘山地，海拔多在500～2000m。东部盆地区属亚热带季风气候；西部为高原山地气候区，气候类型多样，有从南亚热带到亚寒带的垂直变化。四川复杂的地貌和多样的气候类型导致植被类型也较为多样，不仅有水平性的变化，还有垂直性的变化。总体来说，四川省内野生食用菌主产区主要的植被类型包括(四川植被协作组，1980)：①常绿阔叶林。主要指分布于四川盆地边缘山地和川西南攀西地区（攀枝花、凉山彝族自治州），以山毛榉科（Fagaceae）和樟科（Lauraceae）等植物为主的常绿阔叶林。川西南山地的常绿阔叶林分布可达海拔2800m，是四川常绿阔叶林中分布海拔最高的类型。②落叶阔叶林。在四川分布范围很广，包括盆地、盆地边缘山地，川西南山地、川西北以高山峡谷及部分山原地区。低、中山落叶阔叶林主要以栎类（*Quercus*）、水青冈（*Fagus*）、桤木（*Alus*）等落叶乔木为主，而亚高山落叶阔叶林以桦树（*Betula*）和杨树（*Populus*）为主。③常绿针叶林。低山常绿针叶林主要以马尾松（*Pinus massoniana*）林为主，四川东部广泛分布，是川东主要的森林植被类型。中山常绿针叶林主要指云南松（*Pinus yunnanensis*）林和华山松（*Pinus armandii*）林，云南松林广泛分布于四川西南部；华山松林广泛分布于四川西部和北部，但通常比较零散，少有大面积森林。亚高山常绿针叶林主要指分布在川西高原和高山峡谷地区以云杉（*Picea*）林和冷杉（*Abies*）林为主的暗针叶林；高山松（*Pinus densata*）林在川西地区分布也较广泛，是川西山原和峡谷地区常绿针叶林垂直带内阳坡上的典型植被，在乡城、稻城、得荣、巴塘、理塘等地分布面积尤其较大。④硬叶常绿阔叶林。主要分布在川西南山地、川西高山峡谷和川西山原地区，包括了高山栎类林和杜鹃林，其中

亚热带针叶林

亚高山硬叶常绿阔叶林

亚高山针叶林

高山草甸

以高山栎林最为典型，从海拔2000多米的干旱河谷到海拔4000多米的高寒地区都能生长，在川西是除亚高山针叶林外分布面积最广的一种植被类型。在凉山彝族自治州也可见大面积的以黄背栎为主的硬叶常绿阔叶林。⑤高山草甸。甘孜州石渠县、色达县以高山草甸为主，非常典型，平均海拔4000m以上；若尔盖县、红原县、甘孜县、阿坝县等地也有大面积高山草甸。除上述几种植被类型外，还有大面积的针阔混交林过渡类型。

第二节　四川大型真菌资源概况

大型真菌是指菌物中形成可肉眼识别和徒手采摘的一类真菌，泛指广义上的蘑菇或蕈菌，大多数属于担子菌门和子囊菌门。大型真菌中很多种类具有较高的营养价值和药用价值（戴玉成和杨祝良，2008；戴玉成等，2010；李玉等，2015）。

四川大型真菌的科学研究应该始于国外传教士在川内采集标本。但有关四川野生食药用菌的记载可追溯至宋代唐慎微著《经史证类备急本草》中关于松茸的记载（袁明生和孙佩琼，1995）；而四川通江的野生银耳也早在清朝时期多作为贡品进献给达官贵人，价格昂贵。自20世纪以来，我国已有许多研究人员对四川的大型真菌资源进行了较为广泛的调查研究，早期（20世纪30年代）包括著名真菌学家邓叔群先生、周宗璜先生、裘维蕃先生，等等。20世纪70年代后，臧穆先生等先后对四川多地真菌资源进行了调查，采集了大量的标本。从20世纪90年代至今，众多分类学者包括一些至今活跃在大型真菌研究领域的学者对四川丰富和独特的真菌资源有着极为浓厚的兴趣，他们在这一地区采集了大量的标本，尤其是四川横断山区的真菌，并基于这些标本发表了大量的新种和新记录种。有关四川大型真菌研究，国内学者先后出版了《川西地区大型经济真菌》《四川蕈菌》《四川省甘孜州菌类志》《四川盆地蕈菌图志》等区域性著作，报道了四川境内大型真菌1000余种，其中食药用真菌500余种（戴贤才等，1994；贺新生，2011；应建浙，1994；应建浙和臧穆，1994；袁明生和孙佩琼，1995；臧穆等，1996）。这些著作的问世，让我们对四川食药用菌多样性丰富程度有了一定认识。值得一提的是，中科院成都生物研究所袁明生、孙佩琼夫妇历时十余年对四川三州地区40多个县进行了调查，基于调查结果出版的《四川蕈菌》揭示了四川丰富的蕈菌资源状况，对于深入认识和了解四川蕈菌具有重要的意义，同时也为广大同行提供了许多宝贵的研究材料。但由于当时研究方法、设备及资料所限，在这些著作中鉴定结果难免存在一些偏差。

第三节　四川野生食药用菌资源

大型真菌中有较多种类都可食用，据历史记载，我国民间早在几千年前就利用蘑菇作为食物或药物。我国食药用菌资源十分丰富，据Wu等（2019）统计，我国已知的食用菌有1020种，药用菌692种，但这些食药用菌中，也有一部分物种在一定条件下具有一定毒性。四川是国内菌物资源最为丰富的地区之一，当地民众也有采食野生菌的习惯，在许多野生菌主产区，售卖野生菌是当地民众重要的收入来源之一，在四川各地市场上售卖的野生菌主要包括以下几类。

子囊菌（Ascomycetes）：四川市场上售卖的子囊菌主要包括虫草、块菌和羊肚菌几类，种类较丰富，本书中介绍了其中较为重要的16个物种。

伞菌（Agarics）：子实体有菌盖、典型菌褶和菌柄的蘑菇，较为重要的食用类群有口蘑属*Tricholoma*、蚁巢伞属*Termitomyces*、红菇属*Russula*和乳菇类等等。蚁巢伞属种类是凉山州最重要的野生食用类群之一，书中记载的6种蚁巢伞主要是依据形态学的鉴定结果，基于DNA序列分析结果显示市场上售卖的蚁巢伞远不止这些。四川甘孜州、阿坝州各地市场上丝膜菌*Cortinarius*售卖量较大，但其中有一部分难以准确鉴定，并未记载在本书中。本书中记载了四川市场上售卖的82个伞菌物种。

鸡油菌（Chanterelles）：鸡油菌形态上与伞菌相似，但其子实层体并非典型的菌褶状，而是呈褶皱、脉纹或光滑。四川市场上售卖的鸡油菌类包括了鸡油菌属*Cantharellus*、钉菇属*Gomphus*和喇叭菌属*Craterellus*物种。本书中记载了8种。

牛肝菌（Boletes）：牛肝菌子实体看起来也与伞菌相似，但其子实层体呈孔状而非菌褶（褶孔牛肝菌属*Phylloporus*除外），孢子产生于菌管内表面。这个类群中很多物种曾经都被置于牛肝菌属 *Boletus*中，但近些年来，基于形态及分子系统学的研究结果，牛肝菌类的分类系统发生了颠覆性的变化，国内外众多学者新建了很多属，发表了很多新种，也将此前置于*Boletus*的一些物种重新进行了描述或组合。牛肝菌在四川多地市场上都很常见，尤其是攀西地区，种类异常丰富。本书记载了四川市场上可食用的牛肝菌29种。

珊瑚菌（Coral Fungi）：子实体呈珊瑚状，分枝多，产孢于子实体表面。该类真菌在市场上较常见，种类也较多，但因对该类真菌鉴定较为困难，本书中仅记录了5个市场上极为常见的物种。

胶质菌（Jelly Fungi）：子实体胶质，一般在干燥时脱水，而吸水后恢复。四川市场上胶质状的野生食用菌主要指黑木耳。市场也有极少量野生金耳售卖，但只是极偶尔见到，并未包括在本书中。

腹菌（Gasteroid Fungi）：子实体近球形，孢子产生于子实体内部而非外表面。四川市场上食用的腹菌主要有松毛蛋须腹菌、云南硬皮马勃和豆马勃。

多孔菌（Polyporoid Fungi）：子实体大多质地较韧，子实层体孔状。本书中记载了四川市场上售卖的9个多孔菌物种。此外，幼嫩的桦剥管菌在市场上也偶尔可见，但并未包括在本书中。

齿菌（Tooth Fungi）：子实层体呈齿状，有的形成像伞菌一样的菌盖和菌柄。书中记载了四川市场上可食用齿菌共9种，分别隶属于肉齿菌属*Sarcodon*、猴头菌属*Hericeum*、齿菌属*Hydnum*、亚齿菌属*Hydnellum*及拟牛肝菌属*Boletopsis*。在四川市场上售卖的肉齿菌种类较为丰富，作者基于形态学和DNA序列分析结果证实，四川市场上售卖的肉齿菌属物种包括了9个系统发育种，但本书中只记录了其中3种形态上较易区分、较常见的种类。

在四川盆地及边缘山地，羊肚菌属*Morchella*物种较为丰富，但产量并不大，多以干品售卖为主，市场上较少见。而在盆地边缘山地及攀西地区以壳斗科植物为主的亚热带阔叶林中，野生食药用菌以灵芝*Ganoderma lingzhi* Sheng H. Wu, Y. Cao & Y.C. Dai、香菇*Lentinula edodes* (Berk.) Pegler、黑木耳*Auricularia heimuer* F. Wu, B.K. Cui & Y.C. Dai等为主。攀西地区的亚热带针叶林中，最为有名的野生菌非块菌属物种*Tuber* spp.莫属。该地区块菌种类较为丰富，市场上也常将多个不同物种混在一起售卖，但主要以印度块菌*Tuber indicum* Cooke & Massee为主。假喜马拉雅块菌*Tuber pseudohimalayense* Moreno, Manjón, Díez & García-Moneno, L. J. Riousset, Manjón G. Riousset产量也较大，但其价格相对较低。在川东及川北亚热带针叶林中，靓丽乳菇*Lactarius vividus* X.H. Wang, Nuytinck & Verbeken比较有代表性，产量也较大，深受当地老百姓喜爱。在攀西地区山基地带的针阔混交林中，野生食用菌异常丰富，包括了大部分阔叶林和针叶林中的种类。比较有代表性的包括白牛肝菌*Boletus bainiugan* Dentinger、蚁巢伞属*Termitomyces* spp.、兰茂牛肝菌*Lanmaoa asiatica* G. Wu & Zhu L. Yang、玫黄黄肉牛肝菌*Butyriboletus roseoflavus* (M. Zang & H.B. Li) Arora & J.L. Frank、远东皱盖牛肝菌*Rugiboletus extremiorientalis* (Lj. N. Vassiljeva) G. Wu & Zhu L. Yang、枝瑚菌*Ramaria* spp.等。虽然蚁巢伞属物种在四川各地都有分布，但攀西地区该属物种多样性尤其丰富，产量也极高，是当地最为重要的一类野生食用菌。四川盆地周围的竹林中可见的竹荪*Dictyophora* spp.、竹黄*Shiraria bambusicola* Henn.、竹燕窝*Scorias spongiosa* (Schwein.) Fr.等虽然产量较低，但却极具特色。在川西高原的高山栎林中，分布着众所周知的名贵食用菌松茸，此外还有当地民众喜食的芥味黏滑菇*Hebeloma sinapizans* (Paulet) Gillet、红青冈蜡伞（青冈菌）*Hygrophorus deliciosus* C.Q. Wang & T.H. Li、黄褐鹅膏*Amanita ochracea* (Berk. & Bromme) Sacc.等。这几种蘑菇天然产量都非常高，在市场上极为常见。而在川西高山峡谷地区的柳树林中可见到的野生菌则是备受追捧的羊肚菌*Morchella* spp.，通常在4月左右出现。在川西高原的亚高山针叶林中，重要的野生食用菌除深受欧美市场喜爱的鸡油菌*Cantharellus* spp.外，还包括壮丽松苞菇*Catathelasma imperiale* (P. Karst.) Singer、食用牛肝菌*Boletus shiyong* Dentinger、翘鳞肉齿菌*Sarcodon imbricatus* (L.) P. Karst.、喜山丝膜菌*Cortinarius emodensis* Berk.等。而在川西高原分布广泛的针阔混交林中，食药用菌种类更为丰富，在亚高山阔叶林与亚高山针叶林中生长的菌类在混交林中均有出现，橙黄疣柄牛肝菌*Leccinum aurantiacum* (Bull.) Gray是最为常见的物种之一，其天然产量也很高。川西高山高原和草甸中最为著名的食药用菌则是冬虫夏草，它主要分布在海拔3500～5000m的高山草甸中；另一种广为人知的黄绿卷毛菇*Floccularia luteovirens* (Alb. & Schwein.) Pouzar主要分布在四川与青海交界的石渠县（西藏、甘肃、青海等地称为"黄蘑菇"，石渠当地称为"石渠白菌"），多见于海拔4000m以上的区域。此外，草地上常见的一些可食用种类还包括一些蘑菇属*Agaricus*和马勃类的真菌。

每年不同季节，四川不同地区都有野生蘑菇采食，但数量和种类仍以7月、8月、9月最为丰富。在成都平原及周边丘陵地区，3～4月主要以羊肚菌为主，9月下旬至10月下旬则是"桤木菌"（东方桩菇*Paxillus orientalis* Gelardi, Vizzini, E. Horak & G. Wu）大量出菇的季节；在秦巴山区，5月中旬至6月中下旬靓丽乳菇大量出菇，9月初至10月上旬蜜环菌*Armillaria* spp.大量上市；川西高山草地4～5月是冬虫夏草的采集季节，而5～6月则以蘑菇属物种最为常见，7月主要是黄绿卷毛菇的出菇季节；攀西亚热带河谷地区5月则是野生香菇大量上市的季节，白牛肝菌、玫黄黄肉牛肝菌、兰茂牛肝菌和点柄乳牛肝菌等在6月业已上市销售，块菌的采摘季节一般则可从8月持续到来年1月。

在野生菌出菇较为集中的季节，四川主要野生菌产区都有较为固定的野生菌交易市场，较为成熟和具有一定规模的主要包括攀西地区攀枝花市、米易县、西昌市、会理县、德昌县、木里县等；甘孜州康定市、雅江县（以松茸为主）；阿坝州马尔康市、理县、小金县等。此外，许多野生菌产地路边也常见到野生菌售卖。各地食用野生菌的习惯也存在许多地域特色，同样的物种可能在一些地区大量采食，而在另一些地区却不将其作为可食用种类。例如，在康定市场上较常见的突顶口蘑*Tricholoma virgatum* (Fr.) P. Kumm.在其他地区却未见采食。在甘孜州和阿坝州等地较少采食和售卖红菇科的物种；而在攀西地区和川东等地市场上，红菇科（乳菇类和红菇属）物种却异常丰富。在攀西地区，兰茂牛肝菌（红葱）和玫黄黄肉牛肝菌（白葱）在当地比国际市场上知名的"美味牛肝菌"（白牛肝）更受欢迎，其价格也往往是后者的3～4倍。在凉山州许多地区，乳牛肝属的种类被广泛采食和售卖，但在甘孜州、阿坝州、达州市、攀枝花市、米易县等地市场上却很少见到乳牛肝菌属的种类，虽然这些地区乳牛肝属种类在野外极为常见，天然产量也很大，但当地老百姓却少有采食和售卖。甘孜州和阿坝州市场上的大宗野生菌主要包括冬虫夏草、松口蘑（松茸）、鸡油菌（黄丝菌）、翘鳞肉齿菌（獐子菌）、壮丽松苞菇（老人头）、食用牛肝菌（美味牛肝菌）、橙黄疣柄牛肝菌（黑大脚菇）、喜山丝膜菌（杉木菌、羊角菌）、黄褐鹅膏（鹅蛋菌）、红青冈蜡伞（青冈菌）、芥味黏滑菇（杨柳菌）等，其中芥味黏滑菇虽然仅在小金县及周边等地有销售，但据当地相关人士保守估计，仅小金县一地，芥味黏滑菇的年产量就超过1000t。攀西地区市场售卖的野生菌种类异常丰富，大量上市的主要包括块菌（松露）、蚁巢伞（鸡𫇸）、鸡油菌、白牛肝（大脚菇、美味牛肝菌）、玫黄黄肉牛肝菌（白葱）、兰茂牛肝菌（红葱）、香菇、远东皱盖牛肝菌（黄香棒）、蜡伞（皮条菌）、乳牛肝菌、假稀褶多汁乳菇、红汁乳菇等。攀西地区市场上常年有大量野生香菇和木耳干品售卖。野生香菇和木耳鲜品在5月左右大量集中上市，从5～9月在市场上都可见售卖。据当地商贩估计，仅西昌市和米易县两地的野生香菇年产量（鲜品）就超过500t。值得一提的是，凉山州木里藏族自治县地理位置独特，地处青藏高原东南缘，横断山脉终端，是云贵高原与青藏高原的过渡地带，境内相对高差达4428m，气候类型多样，森林资源丰富，孕育了丰富的野生菌资源，市场上销售的野生菌包括了亚热带分布的蚁巢伞到高山草甸分布的冬虫夏草。

会理县野生菌市场

康定野生菌市场一角

攀枝花市食用菌市场一角

西昌市野生菌市场一角

马尔康野生菌市场一角

攀枝花至盐边县路边野生菌售卖

西昌市附近路边野生菌

道孚县八美附近藏民路边野生菌售卖

第二章

野生食用蕈菌物种资源

第一节　子囊菌

东方皱马鞍菌　*Helvella orienticrispa* Q. Zhao, Zhu L. Yang & K.D. Hyde

形态特征：菌盖直径2～4cm，马鞍状或不规则，污白色至米黄色。菌柄长3～4.5cm，直径1～1.5cm，近圆柱形，污白色，有多条纵棱。子囊圆柱形，多数含8个子囊孢子。子囊孢子椭圆形，光滑，无色，15～20×8.5～10μm。

生　　境：生于壳斗科与松树混交林地上。

引证标本：攀枝花市野生菌市场，2017年8月15日，何晓兰SAAS 2756。

分　　布：攀枝花、会东、会理等地。

讨　　论：此前我国许多文献中将此类子实体污白色，菌柄有多条纵棱的马鞍菌鉴定为皱马鞍菌*H. crispa* (Scop.) Fr.，但近年来基于形态学和DNA序列分析表明，形态学上的皱马鞍菌是一个复合群，至少包括了6个系统发育物种，其中4个物种已被认识，即新近描述发表的*H. involuta* Q. Zhao, Zhu L. Yang & K.D. Hyde、东方皱马鞍菌*H. orienticrispa*和*H. pseudoreflexa* Q. Zhao, Zhu L. Yang & K.D. Hyde (Zhao et al., 2015)，以及早先发表的*H. zhongtiaoensis* J. Z. Cao & B. Liu（Cao and Liu 1990）。

在攀枝花、会东等野生菌市场上可见此类真菌，常是多个物种混在一起出售。马鞍菌属中最有名的食用种类当属新疆的“巴楚蘑菇”*H. bachu* Q. Zhao, Zhu L. Yang & K.D. Hyde (Zhao et al., 2016)。

蝉花 *Isaria cicadae* Miq.

俗　　名：虫草花、虫花

形态特征：孢梗束丛生，由蝉幼虫的前端发出，新鲜时白色，高1.5～6cm；柄分枝或不分枝，粗1～2mm，有时基部连接，顶部分枝并有灰白色粉末状分生孢子；分生孢子近椭圆形，两端稍尖，6.0～9.0× 3.0～4.0μm。

生　　境：生于蝉幼虫体上。

引证标本：凉山州会理县野生菌市场，2017年8月16日，何晓兰SAAS 2867。

分　　布：会理县、德昌县、攀枝花等地。

讨　　论：该种分布范围较广，在攀西地区市场上较常见。蝉花是传统中药材，有关其药用价值在《本草纲目》中有记载。《四川中药资源志要》中记载蝉花有“明目散翳、疏风散热、透疹、息风止痉，用于夜啼、心悸、小儿惊痫、外感风热、发热头昏、麻疹初起与透发不畅、青盲、目赤肿痛、翳膜遮睛”等功效（方清茂和赵军宁，2020）。

三地羊肚菌　*Morchella eohespera* Beug, Voitk & O'Donnell

俗　　名： 羊肚蘑

形态特征： 子囊果高5～8cm。菌盖高3～5cm，宽1.5～2.5cm，近圆锥形，幼时颜色较浅，肉粉色，成熟后棱纹颜色较深、褐色带紫色。菌柄长2～3.5cm，粗0.7～2cm，近圆柱形或近棒状，白色、黄白色，空心，中部以上平滑或被白色粉末状细颗粒，基部稍膨大。子囊孢子无色，光滑，椭圆形至长椭圆形，18～22.5 × 9～15μm。

生　　境： 云杉与冷杉树林地上。

引证标本： 阿坝州若尔盖县求吉乡，2014年5月19日，何晓兰SAAS 1242。

分　　布： 若尔盖县等地。

讨　　论： 三地羊肚菌分布范围较广（Voitk et al., 2016）。其子实体较小，在川西地区较常见，其出菇时间较晚，一般在5月中下旬，产地民众多采集晒干后出售。

七妹羊肚菌 *Morchella eximia* Boud.

俗　　名： 羊肚蘑

形态特征： 子囊果高6～9cm。菌盖高4～6cm，近长圆锥形，宽2.8～3.2cm，表面多凹坑，棕黄色至褐色，棱纹窄且比较规则。菌柄短且较细，长3～4.5cm，粗1.5～2.5cm，圆柱状，表面光滑或有细微颗粒。子囊孢子椭圆形，光滑，无色，13～14.5×10～11μm。

生　　境： 生于针阔混交林下。

引证标本： 宜宾市，2018年3月27日，刘天海SAAS 2929。

分　　布： 康定市、宜宾市、西昌市。

讨　　论： 七妹羊肚菌与六妹羊肚菌亲缘关系较近，目前这两个种均已实现人工栽培出菇，在生产上有一定应用。

野生七妹羊肚菌出菇时间一般较晚。

秋天羊肚菌　*Morchella galilaea* Masaphy & Clowez

俗　　名：羊肚菌、羊肚蘑

形态特征：子实体高3.5～12cm。菌盖高3～5cm，宽2～4cm，近圆锥形，幼时颜色较深，灰色，成熟后浅灰色、米黄色或米白色。菌柄长3～5cm，粗0.7～2cm，近圆柱形或近棒状，白色、黄白色，空心，中部以上平滑或被白色粉末状细颗粒，基部稍膨大。子囊孢子椭圆形至长椭圆形，光滑，无色，18～22.5×9～15μm。

生　　境：针阔混交林地上。

引证标本：西昌市农贸市场，2020年10月13日，何晓兰SAAS 3932。

分　　布：西昌市。

讨　　论：该种秋天出菇，子实体较易碎。秋天羊肚菌在凉山州较常见，其鲜品售价一般在120～150元/公斤。

秋天羊肚菌幼嫩时和成熟后子实体颜色变化较大。

梯棱羊肚菌 *Morchella importuna* M. Kuo, O'Donnell & T.J. Volk

俗　　名：羊肚菜、羊肚蘑

形态特征：子实体高6～15cm，直径4～6cm，表面形成许多凹坑，成熟后橄榄褐色至黑褐色。菌柄长4～7cm，直径2～2.5cm，污白色，中空，基部稍膨大。子囊孢子椭圆形，光滑，无色，18～22 × 10～14μm。

生　　境：生于针阔混交林下。

引证标本：四川什邡，2012年3月13日，何晓兰SAAS 383。

分　　布：四川盆地、甘孜州、阿坝州、凉山州等地。

讨　　论：此前的许多研究将人工栽培的羊肚菌鉴定为尖顶羊肚菌*M. conica*，但近几年基于形态学和分子生物学研究的结果表明它与尖顶羊肚菌存在很大差异，而与2012年（Kuo et al., 2012）描述自北美的梯棱羊肚菌*M. importuna*一致。目前，该种已在我国大范围栽培。

该种在四川多地都有分布，老百姓采集后一般晒干出售。

紫褐羊肚菌　*Morchella purpurascens* (Krombh. ex Boud.) Jacquet.

俗　　名：羊肚蘑

形态特征：菌盖高3.5～7cm，宽2～4cm，近圆锥形，幼时颜色较浅，肉粉色，成熟后棱纹颜色较深、褐色带紫色。菌柄长3～5cm，粗0.7～2cm，近圆柱形或近棒状，白色、黄白色，空心，中部以上平滑或被白色粉末状细颗粒，基部稍膨大。子囊孢子椭圆形至长椭圆形，光滑，无色，15～20 × 11.5～14μm。

生　　境：冷杉林中腐木上。

引证标本：若尔盖县求吉乡，2014年5月19日，何晓兰SAAS 1485。

分　　布：若尔盖、理县等地。

讨　　论：该种采自冷杉腐木上，人工驯化栽培可出菇，但商品性一般，目前未见用于生产。

该种一般晚春或初夏时节出菇，在阿坝州较为常见，当地民众一般采集晒干后售卖，但通常混有其他种类的羊肚菌。

常见羊肚菌 *Morchella* sp.

俗　　名：羊肚蘑

形态特征：菌盖近长圆柱形，高2～5.5cm，直径1.5～3cm，幼时灰色，成熟后颜色变浅，灰白色至米白色，表面多凹坑，凹坑近五边形。菌柄长2～5cm，直径0.8～1.2cm，圆柱形，表面有细微颗粒，米白色，中空。子囊孢子椭圆形，光滑，无色，10～15 × 13～18μm。

生　　境：生于路边或杂草地上。

引证标本：绵阳市北川县，2014年4月18日，何晓兰SAAS 2143。

分　　布：绵阳市、北川县、青川县等地。

讨　　论：该种是盆地周围低海拔区域较常见的羊肚菌物种之一。

冬虫夏草 *Ophiocordyceps sinensis* (Berk.) G.H. Sung, J.M. Sung, Hywel-Jones & Spatafora

俗　　名：虫草、冬虫夏草

形态特征：子座长棒形或圆柱形，长6～13cm，通常无分枝。头部近圆柱形，黄褐色至褐色，长3～5.5cm，粗2.5～5mm，尖端具2～5mm的不孕顶部。子囊壳近表面生，椭圆形至卵形。子囊孢子线形，无色透明，有多个横隔，每小隔大小，4～15×5～6.5μm。

生　　境：生于高山草地上。

引证标本：阿坝州阿坝县附近，2020年5月9日，唐杰SAAS 3931。

分　　布：甘孜州、阿坝州、凉山州等地。

讨　　论：冬虫夏草常见于海拔4000m以上的高山草甸，是我国民间惯用的一种名贵滋补药材。在四川主要分布在甘孜州、阿坝州和凉山州木里县。其售价有时甚至高于黄金，近几年由于掠夺性的采集，冬虫夏草的产量已逐年下降。

该种原来置于*Cordyceps*中，但近年来依据分子系统学研究结果，将其转移到了线虫草属*Ophiocordyceps*中（Sung et al., 2007）。

大团囊弯颈霉 *Tolypocladium ophioglossoides* (J.F. Gmel.) C.A. Quandt, Kepler & Spatafora

俗　　名： 虫草

形态特征： 子座高5～10cm，基部有根状菌索。可育头部近棒状，长1.5～4.5cm，直径3～8mm，橄榄色、褐色至暗褐色。不育柄部与可育头部界限明显，长3～6cm，直径2～5mm，少分枝，黄褐色，近圆柱形。子囊孢子线形，无色透明，有多个横隔，成熟时断裂为短圆柱形分孢子，每个大小3～5×2～3μm。

生　　境： 生于蝉体上。

引证标本： 凉山州会理县野生菌市场，2017年8月16日，何晓兰SAAS 2766。

分　　布： 攀枝花市、会理县、会东县等地。

讨　　论： 据记载，该种有活血、调经、抗肿瘤等药用功效（刘波，1974）。该种在攀西地区市场上有售。依据“one fungus, one name”的原则和分子系统学分析结果，大团囊虫草属*Elaphocordyceps* (Sung et al., 2007)的所有物种都被转移到了弯颈霉属*Tolypocladium*中（Quandt et al. 2014）。

奇异弯颈霉　*Tolypocladium paradoxum* (Kobayasi) C.A. Quandt, Kepler & Spatafora

俗　　名：蝉台

形态特征：子座长4～8cm，4～9mm，细棒状，无分枝，从蝉幼虫头部长出。可育部分长3～5cm，直径6～9mm，黑褐色或暗褐色；不育柄部与可育头部界限不明显，长2.5～4.5cm，直径2.5～6mm，近圆柱形，黄褐色或土黄色。子囊孢子线形，无色透明，有多个横隔，成熟时断裂为短圆柱形分孢子，每个大小3～5×2～3μm。

生　　境：生于蝉幼虫体上。

引证标本：凉山州会理县野生菌市场，2017年8月16日，何晓兰SAAS 2692。

分　　布：攀枝花市、米易县、会理县、德昌县等地。

讨　　论：该种在攀西地区市场上较为常见，单个子实体售价一般为2～4元。原来广义虫草属*Cordyceps*的许多种类都是民间传统的中药材。

会东块菌 *Tuber huidongense* Y. Wang

俗　　名：屑状块菌

形态特征：子囊果地下生，呈椭圆形、球形或不规则球形，直径1～3.5cm，外表皮粗糙呈黄褐色，有凸出约0.2～1.2cm的瘤状，新鲜时表面有深浅不一的沟回，干后收缩更为明显。包被两层，外层厚120～150μm，呈淡黄褐色，由近球形或角形的厚壁细胞组成的拟薄壁组织构成，细胞直径5～20×5～16μm，向内渐变无色；内层由无色的菌丝交织组成，直径2～5μm。产孢组织褐色至灰褐色，具大理石状纹理。子囊50～70×40～60μm，近球形至椭圆形，内含1～4(～5)个子囊孢子。子囊孢子宽椭圆形，表面具明显纹饰，22～30×16～23μm。

生　　境：多生于松、栎等树林中的土下。

引证标本：无标本。

分　　布：会东县。

讨　　论：会东块菌具有块菌特殊的味道，但野生产量不大。子实体多于9月底至次年2月成熟。四川省农业科学院土壤肥料研究所块菌课题组已成功合成了华山松、美国山核桃、榛子等树种的菌根幼苗。

印度块菌　*Tuber indicum* Cooke & Massee

俗　　名：猪拱菌、无娘果

形态特征：子囊果直径2～5.5cm，球形或不规则形，外表被多角形疣突，幼时紫红褐色，成熟后灰黑色至黑色。产孢组织灰白色至黑色，呈现大理石样纹理。子囊近球形，具3～5个子囊孢子。子囊孢子宽椭圆形至椭圆形，黄褐色，被网状刺18～30×14～25μm。

生　　境：生于云南松、华山松、麻栎等林地中。

引证标本：凉山州会东县，2012年11月26日，郑林用SAAS 134。

分　　布：攀枝花市、会东县、会理县。

讨　　论：印度块菌常见于四川攀西地区、云南和西藏等地，是重要的出口块菌种类。其天然产量较高，香味浓郁，与夏块菌极为相似。印度块菌半人工栽培研究在四川和云南等地已开展多年，近年来陆续报道已成功收获子实体。

攀枝花白块菌*Tuber panzhihuanense* Deng, Wang & Liu（柳成益供图）

俗　　名： 白块菌、白松露、树根瘤、根瘤菇

形态特征： 子囊果地下生，成熟时多数直径3～7cm，呈不规则球形，多瘤凸，无绒毛，有凹槽，光滑或稍粗糙，新鲜时香味浓郁，表面呈灰白色，干燥后黄褐色至浅褐色。产孢组织暗褐色至黑色，有大理石状纹理。子囊近球形或椭圆形，无色或淡黄色，内含1～4个子囊孢子。子囊孢子宽椭圆形至近球形，黄褐色，表面有蜂窝状网纹，20～53×17～43μm。

生　　境： 多生于华山松和云南松林下偏碱性石灰岩土壤中。

引证标本： 攀枝花市野生菌市场，2020年12月，叶雷SAAS 3930.

分　　布： 攀枝花市、会东县。

讨　　论： 攀枝花白块菌在市场上较常见，子实体较大，有白块菌独有的浓郁香味，品级较优的子囊果十分接近世界上最昂贵的意大利白块菌*Tuber magnatum*，具有较大的商业潜力。

假喜马拉雅块菌 *Tuber pseudohimalayense* Moreno, Manjón, Díez & García-Moneno, L. J. Riousset, Manjón G. Riousset

俗　　名：母块菌

形态特征：子囊果直径1～5cm，近球形或不规则形状，表面具有微小的疣突或不规则的多边形瘤凸，红褐色。产孢组织幼时白色，成熟后褐色至棕褐色。子囊近球形、椭圆形，内含1～8个子囊孢子。子囊孢子椭圆形，黄褐色，表面有刺和网纹，20～30×15～20μm。

生　　境：生于云南松、华山松林或针阔混交林下石灰岩土壤中。

引证标本：凉山州会东县噶吉，2012年11月26日，郑林用SAAS 281。

分　　布：攀枝花市、会东县、会理县等地。

讨　　论：假喜马拉雅块菌是较常见的块菌种类，在攀西地区产量较大，但其品质逊于中华夏块菌和印度块菌，是出口第三大块菌种类。

大丛耳菌 *Wynnea gigantea* Berk. & M.A. Curtis

俗　　名：马耳朵、羊耳朵、兔耳朵

形态特征：子囊盘中等至大型，有一共同的菌柄，有的有分枝，从柄上成丛长出几个到十多个兔耳状的子囊盘。子囊盘土黄色至紫红褐色，高5～12cm，宽1～4cm，两侧向内稍卷，子囊盘内表面红褐色，光滑，外部颜色较浅，略皱缩。菌柄2～5cm，粗1～2cm，黑褐色。子囊孢子长椭圆形至肾形，光滑，22～30×12～15μm。

生　　境：生于阔叶林地上。

引证标本：冕宁县野生菌市场，2017年8月18日，何晓兰SAAS 2784。

分　　布：西昌市、冕宁县、德昌县等地。

讨　　论：该种在攀西地区市场上较常见，但销售量并不大。其口感与毛木耳相似，较脆，略微带点酸酸的味道。

到目前为止，丛耳菌属全世界已知有9个种，有两个种描述自中国，即*W. macrospora* B. Liu, M.H. Liu & J.Z. Cao和*W. sinensis* B. Liu, M.H. Liu & J.Z. Cao (Liu et al., 1987)。

第二节　担子菌

一、伞菌类

草鸡坳鹅膏　*Amanita caojizong* Zhu L. Yang, Yang-Yang Cui and Qing Cai

俗　　名：青鹅蛋菌、草鸡坳、麻鸡坳

形态特征：菌盖直径5～13cm，初期卵圆形至钟形，后渐平展，中部稍凸起，灰褐色，具深色纤毛状隐花纹，边缘无条纹。菌褶白色，稍密，宽，离生，不等长。菌柄圆柱形，长8～15cm，粗1～3.5cm，白色，脆，空心，具白色纤毛状鳞片，基部稍粗。菌环白色，膜质，下垂，上面有细条纹，往往易脱落。菌托杯状，白色，较大。菌肉白色，较厚。担孢子椭圆形，光滑，无色，7.5～9 × 5～6.5μm。

生　　境：栎树林或栎树与松树混交林地上。

引证标本：通江县陈河乡，2016年7月27日，何晓兰SAAS 2235。

分　　布：通江县、攀枝花市、西昌市等地。

讨　　论：此种味道较好，在西南地区被广泛采食，在四川攀西地区和秦巴山区部分区域较常见。其外形与鸡坳不同，但与某些剧毒的鹅膏菌极为相似，采食时要特别注意。

长期以来，该种沿用了*A. manginiana* sensu W. F. Chiu这个名称（Yang, 1997; 杨祝良, 2005, 2015），但最近的研究结果表明（Cui et al., 2018），它应该是一个独立的物种，即草鸡坳鹅膏*A. caojizong*。

白条盖鹅膏 *Amanita chepangiana* Tulloss & Bhandary

俗　　名：鹅蛋菌、白罗伞

形态特征：菌盖直径7～20cm，初期卵圆形至钟形，后渐平展，白色至乳白色，中部凸起并带淡土黄色，光滑，边缘具明显条纹。菌褶白色，宽，稍密，离生，不等长。菌柄长8～18cm，直径1～2cm，圆柱形，白色，光滑或具纤毛状鳞片，内部松软至空心。菌环生柄上部，白色，下垂，易脱落。菌托大，呈苞状。担孢子宽椭圆形至卵圆形，光滑，无色，11～12.5×8～9.5μm。

生　　境：暗针叶树与壳斗科树混交林。

引证标本：攀枝花市米易县晃桥水库，2016年7月14日，何晓兰SAAS 2468。

分　　布：攀枝花市、米易县、西昌市、会理县、德昌县等地。

讨　　论：该种在攀西地区市场上较常见，但量较少。其味道较好，但易与剧毒的致命鹅膏*A. exitialis* Zhu L. Yang & T.H. Li 和黄盖鹅膏白色变种*A. subjunquillea* var. *alba* Zhu L. Yang 相混淆，采食时要特别注意。

黄蜡鹅膏　*Amanita kitamagotake* N. Endo & A. Yamada

俗　　名：鹅蛋菌、黄罗伞

形态特征：菌盖直径7～13cm，初期卵圆形至钟形，成熟后半球形至平展，中部凸起，黄色至橙黄色，光滑，边缘具长条纹。菌褶浅黄色，离生，不等长。菌柄长8～15cm，直径1～2cm，圆柱形，淡黄色，中空。菌环生菌柄上部，淡黄色，膜质，下垂。菌托大，苞状，白色，有时破裂面成片附着在菌盖表面。担孢子椭圆形，光滑，无色，8～9.5×6～7μm。

生　　境：生于针阔混交林地上。

引证标本：凉山州西昌市大箐乡，2019年7月15日，王迪SAAS 3172。

分　　布：昭觉县、西昌市、攀枝花市、米易县等地。

讨　　论：该种在攀西地区市场上较常见，味道较好，当地民众喜欢采食，但天然产量并不大。它与剧毒的黄盖鹅膏*Amanita subjunquillea* S. Imai较为相似，采食时应注意区分。

该种以黄蜡鹅膏*Amanita* sp.6被收录在《中国鹅膏科真菌图志》一书中（杨祝良，2015）。随后，Endo等(2017)将该种正式描述并命名为*A. kitamagotake*。

黄褐鹅膏 *Amanita ochracea* (Zhu L. Yang) Yang-Yang Cui, Qing Cai & Zhu L. Yang

俗　　名：鹅蛋菌、鸡蛋菌

形态特征：菌盖直径8～20cm，初期卵圆形至钟形，后渐平展，中间稍凸起，鲜橙黄色至橘红色，光滑，稍黏，边缘具明条纹。菌褶黄色，较厚，离生，不等长。菌柄圆柱形，长9～22cm，粗1.5～3.5cm，淡黄色，往往具橙黄色花纹，空心。菌环生菌柄上部，淡黄色，膜质，下垂。菌托大，苞状，白色。菌肉白色。担孢子近球形，光滑，无色，10.5～13μm。

生　　境：暗针叶树与壳斗科树混交林地上。

引证标本：康定市木格措，2015年8月4日，何晓兰SAAS 1085。

分　　布：甘孜州、阿坝州。

讨　　论：黄褐鹅膏口感细腻嫩滑，是四川藏区主要的野生食用种类之一，深受产地老百姓喜爱，市场上大量销售。

该种此前被作为红黄鹅膏*A. hemibapha* (Berk. & Broome) Sacc.的一个变种来对待，即*A. hemibapha* var. *ochracea* Zhu L. Yang，但最新的研究结果（Cui et al., 2018）表明*A. hemibapha* var. *ochracea*与*A. hemibapha*在系统发育上处于两个不同的分支，且*A. hemibapha* var. *ochracea*子实体较大，故将其作为独立的物种，即*A. ochracea*。

中华鹅膏　*Amanita sinensis* Zhu L. Yang

俗　　名：灰鸡㙡、臭鸡㙡、瓦灰鸡㙡

形态特征：菌盖直径5～12cm，初期卵圆形或凸镜形，成熟后展开，灰色至浅灰褐色，表面被粉末状菌幕残余，边缘具条纹。菌褶离生，白色，较密。菌柄长10～15cm，近细棒状，表面被灰色粉末或颗粒状菌幕残余，实心；菌柄基部略膨大。菌环顶生，灰色，膜质，易脱落消失。担孢子卵圆形，光滑，无色，10～12.5×7～8.5μm。

生　　境：生于针阔混交林地上。

引证标本：凉山州会理县市场，2020年7月17日，何晓兰SAAS 3598。

分　　布：攀枝花市、会理县等地。

讨　　论：中华鹅膏香味浓郁，可食用，国内多地都有采食该种的习惯。会理县当地部分民众称它为臭鸡㙡，但实际上它很香，产量较小，市场上不多见。

角鳞灰鹅膏 *Amanita spissacea* S. Imai

俗　　名：山鸡㙡、草鸡㙡

形态特征：菌盖直径5～10cm，初期卵圆形至钟形，后渐平展，中部稍凸起，肉桂褐色至灰褐色，具深色纤毛状隐花纹，边缘无条纹并往往悬挂内菌幕残片。菌褶离生，白色，较密，不等长，边缘略呈锯齿状。菌柄长7～12cm，直径0.8～1.5cm，近圆柱形，中下部具蛇纹状鳞片，实心；菌柄基部膨大，有灰黑色至黑色环带。菌环生菌柄中上部，灰色，膜质，下垂。菌肉白色，较厚。担孢子卵圆形至近球形，光滑，无色，7.5～9×5.5～7μm。

生　　境：生于壳斗科林下。

引证标本：西昌市大箐路边，2017年7月4日，何晓兰SAAS 2769。

分　　布：西昌市。

讨　　论：见于西昌附近市场，当地民众大量采食。

Yang (1997) 认为角鳞灰鹅膏*A. spissacea*可能是格纹鹅膏*A. fritillaria*的异名，但基于Cui等(2018) 的研究结果表明，它们是两个不同的物种。

袁氏鹅膏　*Amanita yuaniana* Zhu L. Yang

俗　　名：黑罗伞、麻鸡纵

形态特征：子实体较大。菌盖直径5～10cm，半球形至近平展，中部稍凸起，黄褐色至灰褐色，具暗隐斑纹和灰白色斑点，边缘具短条纹，光滑。菌褶白色，稍密，宽，离生，不等长，边缘锯齿状。菌柄圆柱形，长12～17cm，粗1～4.5cm，白色，脆，内部松软至空心，具白色纤毛状鳞片，基部稍粗。菌环生菌柄上部，膜质，灰色。菌托苞状，白色，较大。菌肉白色，较厚。担孢子卵圆形，无色，光滑，9～11×6～7.5μm。

生　　境：栎树林或栎树与松树混交林地上。

引证标本：西昌市大箐乡路边，2020年7月14日，何晓兰SAAS 3550。

分　　布：攀枝花市、西昌市、会理县、盐源县。

讨　　论：袁氏鹅膏可食，在攀西地区市场上较常见到，但天然产量小，通常都是极少量个体与其他野生菌混在一起出售。该种与剧毒的灰花纹鹅膏*A. fuliginea* Hongo较相似，采食时要特别注意区分。

壮丽松苞菇 *Catathelasma imperiale* (P. Karst.) Singer

俗　　名：老人头、面包菌、蘑菇

形态特征：菌盖直径8～15cm，初扁半球形，后伸展近扁平，浅黄褐色，光滑，边缘内卷并附着菌幕残片。菌褶白色，延生，不等长。菌柄长3～5cm，粗3～5.5cm，污黄色至浅黄褐色，略呈梭形，实心。菌环生柄中部，与菌盖同色。菌肉白色，厚。担孢子椭圆形，光滑，无色，12～14 ×5.5～6μm。

生　　境：生于冷杉林中地上。

引证标本：理县米亚罗镇，2015年8月20日，王迪SAAS 1030。

分　　布：理县、康定市、道孚县、炉霍县等地。

讨　　论：该种在甘孜州、阿坝州产量极大，是当地一种重要的野生食用菌。早先有的文献中将其鉴定为梭柄松苞菇*C. ventricosum*，但该种宏观形态及孢子与梭柄松苞菇都存在极大的差异。四川甘孜州市场上大量售卖的老人头形态特征和DNA序列与欧洲的壮丽松苞菇基本一致。

四川市场上售卖的“老人头”以该种为主，产量远远大于下述老人头松苞菇*C. laorentou*和亚高山松苞菇*C. subalpinum*。

老人头松苞菇 *Catathelasma laorentou* Z.W. Ge

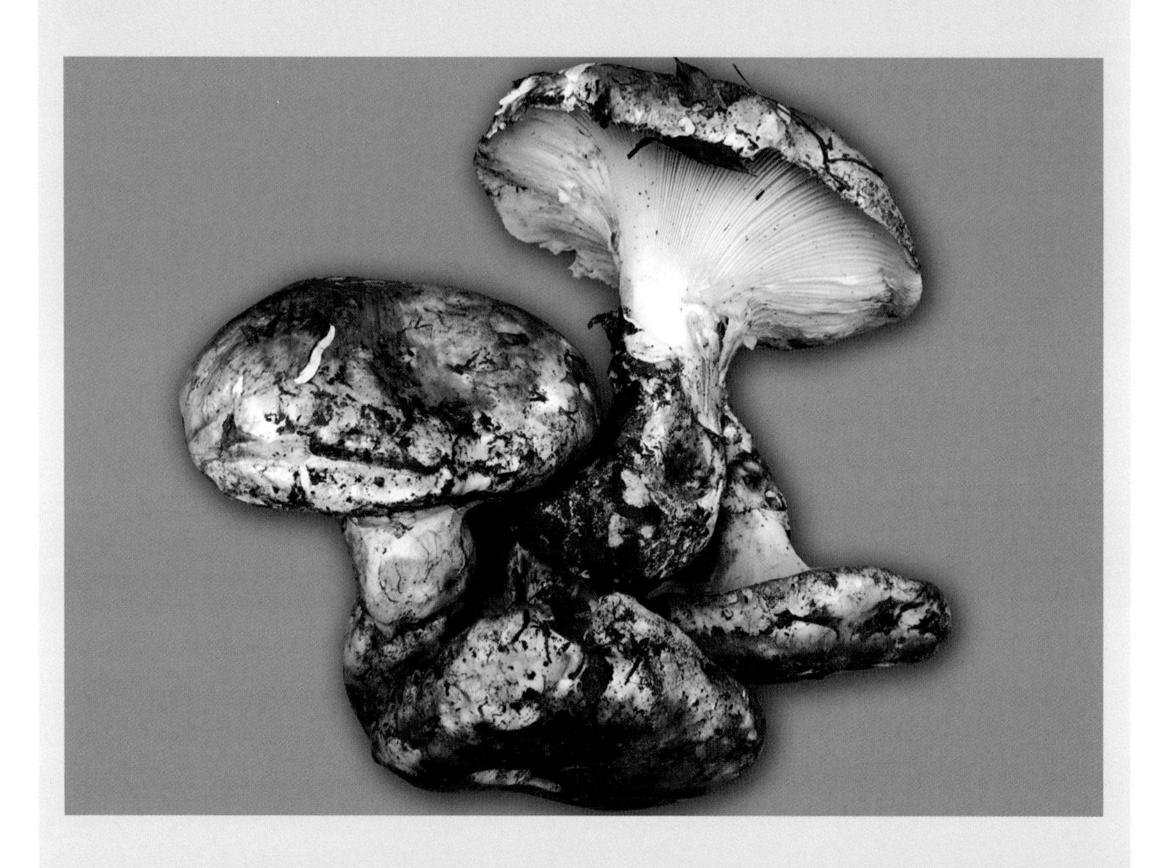

俗　　名：老人头、面包菌、蘑菇、香松苞

形态特征：菌盖直径8～15cm，初扁半球形，后伸展近扁平，浅黄褐色，光滑，边缘内卷并附着菌幕残片。菌褶白色，延生，不等长。菌柄长3～5cm，粗3～5.5cm，污黄色至浅黄褐色，近圆柱形，实心。菌环生柄中部，与菌盖同色。菌肉白色，厚。担孢子椭圆形，光滑，无色，8～9×5～6μm。

生　　境：生于松树与栎树混交林地上。

引证标本：凉山州会理县小黑箐乡，2017年8月16日，何晓兰SAAS 2690。

分　　布：攀枝花、会理、会东、西昌等地。

讨　　论：该种天然产量较小，但在凉山州多地市场上都较常见。在西昌、昭觉等地市场上常与下述亚高山松苞菇混在一起售卖，但在会理、会东等地市场上售卖的松苞菇属物种经鉴定只有老人头松苞菇这一个种。

亚高山松苞菇　*Catathelasma subalpinum* Z.W. Ge

俗　　名：老人头、面包菌、蘑菇、沙老包

形态特征：菌盖直径6～10cm，幼时扁半球形，后伸展近扁平，灰白色，有时带灰褐色，光滑，边缘内卷并附着菌幕残片。菌褶白色，延生，不等长。菌柄长3～5cm，粗4～5.5cm，白色至污白色，近梭形，有时中部略膨大，实心。菌环生柄中部，灰白色。菌肉白色，肥厚。担孢子椭圆形，光滑，无色，9～12.5×4.5～6.0μm。

生　　境：高山栎与松树混交林地上。

引证标本：凉山州木里县，2016年7月20日，何晓兰SAAS 2207。

分　　布：西昌市、木里县、昭觉县等地。

讨　　论：该种在凉山州西昌市、昭觉县、木里县等地较为常见，但在凉山州市场上售卖的“老人头”往往混杂了两个不同的物种，且与甘孜州、阿坝州等地售卖的老人头在形态和DNA序列上均差异较大。

粗壮杯伞 *Clitocybe robusta* Peck

形态特征：菌盖直径4～9cm，近平展，乳白色或污白色。菌褶白色至米黄色，直生至短延生，较密，不等长。菌柄长3～7cm，直径0.7～1.5cm，圆柱形至细棒状，污白色，有纤毛状条纹。菌肉白色。担孢子椭圆形，光滑，4.5～6×3.5～4.5μm。

生　　境：生于针阔混交林地上。

引证标本：凉山州会理县市场，2017年8月17日，何晓兰SAAS 2776。

分　　布：会理县、攀枝花市等地。

讨　　论：该种可食用，但杯伞属有较多有毒的种类（陈作红等，2016），有些在形态上不易区分，最好避免采食。

喜山丝膜菌　*Cortinarius emodensis* Berk.

俗　　名： 杉木菌、羊角菌、杉木蘑菇

形态特征： 菌盖直径5～13cm，幼时近半球形，黄褐色至紫褐色，有时略带红色色调，盖面皱，有明显褶纹，成熟后近平展，边缘具条纹。菌褶近直生，较密，淡紫色至淡褐色，不等长。菌柄长6～12cm，直径1～2.5cm，近圆柱形，基部略膨大，空心，污黄色带浅紫色色调。菌环生菌柄上部，污黄色。菌肉灰白色。孢子椭圆形，褐色，表面有疣突，13.5～15.5×9～11μm。

生　　境： 生于冷杉及杜鹃混交林地上。

引证标本： 康定市木格措，2015年7月19日，何晓兰SAAS 1992。

分　　布： 木里县、康定市、马尔康市、小金县、理县等地。

讨　　论： 喜山丝膜菌为树木外生菌根菌，广泛分布于我国喜马拉雅和横断山区，在四川木里县、康定市、马尔康市、小金县、理县等市场极常见，出售量大，是川西地区最为重要的野生食用菌之一。因该种在冷杉林中常见，甘孜州和凉山州木里县等地称其为“杉木菌”；它在杜鹃林下也较常见（在阿坝州，杜鹃树也称为羊角树），因此在小金县、马尔康市等地也称其为“羊角菌”。

该种曾经被置于罗鳞伞属*Rozites*中，但近年来的分子系统学研究却表明罗鳞伞属的种类与丝膜菌属种类聚在一起，形成单系群，因此，罗鳞伞属不应该再作为一个独立的属来对待（Peintner et al., 2002）。

高山丝膜菌 *Cortinarius* sp.

俗　　名：草菌、草蘑菇、白大脚菇

形态特征：菌盖直径4～10cm，幼时近半球形，成熟后近平展，浅黄褐色至黄褐色，边缘无条纹。菌褶近直生，较密，灰白色，不等长。菌柄长3～8cm，直径1.5～3.5cm，棒状，基部膨大，实心，白色至污白色。菌肉灰白色。担孢子近梭形，表面有疣突，褐色，10.5～14×5.5～7μm。

生　　境：生于冷杉与云杉林中地上。

引证标本：甘孜州炉霍县野生菌市场，2017年7月25日，何晓兰SAAS 2787。

分　　布：康定市、泸定县、炉霍县等地。

讨　　论：该种是炉霍县市场上主要的野生菌种类，产量较大。其子实体粗壮，肉质较紧实，具有较高的食用价值。四川市场上售卖的这类丝膜菌在形态上与*C. myrtilliphilus*较为相似，但其ITS序列却与*C. myrtilliphilus*模式标本序列存在一定差异（Liimatainen et al., 2014），有待深入研究。

变形多型丝膜菌 *Cortinarius talimultiformis* Kytöv., Liimat., Niskanen, A.F.S. Taylor & Sesli

俗　　名：草菌、草蘑菇

形态特征：菌盖直径4～11cm，幼时扁半球形，成熟后近平展，黄褐色，略带紫色色调，边缘无条纹。菌褶近直生，较密，绣褐色，不等长。菌柄长3～8cm，直径1～2.5cm，近圆柱形，基部略膨大，实心，浅紫色至浅黄褐色。菌肉紫灰色。担孢子椭圆形，表面有疣突，褐色，8.5～10×5～6.5μm。

生　　境：生于冷杉林中地上。

引证标本：甘孜州道孚县野生菌市场，2017年7月21日，何晓兰SAAS 2877。

分　　布：泸定县、小金县、道孚县等地。

讨　　论：该种在道孚县一带市场上较为常见，道孚县市场上的标本ITS序列与变形多型丝膜菌模式标本序列仅存在1个碱基差异，因此结合形态学特征将其鉴定为变形多型丝膜菌。变形多型丝膜菌形态上与*C. multiformis*和*C. talus* Fr.较为相似。但*C. multiformis*菌盖上无纤毛，其ITS序列与变形多型丝膜菌存在6个碱基的差异；*C. talus*生于阔叶林中，且其孢子较小（7.3～8.8×4.5～5.2μm）。依据ITS序列分析结果还表明，*C. aurantionapus* var. *similis*模式标本序列与变形多型丝膜菌完全一致（Liimatainen et al., 2014）。

发光假蜜环菌 *Desarmillaria tabescens* (Scop.) R.A. Koch & Aime

俗　　名：青冈菌

形态特征：菌盖直径2.5～7cm，幼时近扁半球形，后渐平展，老后边缘常上翘，蜜黄色或浅黄褐色，中部颜色较深并有纤毛状小鳞片。菌褶白色，稍稀，近延生，不等长。菌柄长3～10cm，直径0.4～0.9cm，中部以下灰褐色，上部颜色较浅，无菌环。孢子无色，光滑，宽椭圆形至近卵圆形，7.5～10×5～7.5μm。

生　　境：生于腐木基部。

引证标本：四川宜宾路边，2015年8月30日，何晓兰SAAS 1004。

分　　布：宜宾市、广元市、绵阳市等。

讨　　论：该种口感较好，是一种较美味的食用菌，在四川分布较广，许多地区都采食该种。在广元、通江等地有大量该种的干品售卖。

发光假蜜环菌也是一种林木病原真菌。

黄绿卷毛菇　*Floccularia luteovirens* (Alb. & Schwein.) Pouzar

俗　　名：石渠白菌、白蘑菇、黄蘑菇

形态特征：菌盖直径4～9cm，扁半球形至近平展，幼时或新鲜时柠檬黄色，干旱时菌盖呈白色，龟裂状。菌褶柠檬黄色，密，弯生，不等长。菌柄长2～4.5cm，直径1～2.5cm，近圆柱形，白色或带黄色，实心。菌环生菌柄中部，菌环以下具浅黄色鳞片，基部往往膨大。菌肉白色，厚。担孢子椭圆形，光滑，无色，6～7.5×4～5μm。

生　　境：多生于海拔4000 m以上的草地中。

引证标本：甘孜州石渠县，2015年7月19日，何晓兰SAAS 1961。

分　　布：石渠县、甘孜县等地。

讨　　论：黄绿卷毛菇味道鲜美，营养丰富，口感脆嫩。它一般生于较干旱的高海拔草地上，可形成蘑菇圈，它的发生季节比蘑菇属种类稍晚。雨量充沛时，其子实体呈黄色，天气干燥时，整个子实体呈白色。由于无节制的采摘，黄绿卷毛菇天然产量越来越少，在欧洲一些国家，该种已受到法律保护。

“石渠白菌”是国家地理标志产品。据调查和了解，该种在四川的分布不仅限于石渠县，在甘孜州甘孜县、阿坝州阿坝县等地也有分布，天然产量较大，8月左右在康定等地可见大量鲜品销售，干品在甘孜州多地常年有售，价格一般300元左右每斤。

绒柄裸脚菇 *Gymnopus confluens* (Pers.) Antonín, Halling & Noordel.

俗　　名：蚂蚁菌

形态特征：菌盖直径1.5～4cm，半球形至平展，新鲜时肉红色， 干后土黄色，边缘有短条纹。菌褶近离生，密，窄，不等长。菌柄细长，脆骨质，中空，长5～12cm，直径0.2～0.5cm，表面密披污白色细绒毛。菌肉薄，与盖色相同。孢子印白色。孢子无色，光滑，椭圆形，8～10×3.5～5μm。

生　　境：生于冷杉、云杉林地上。

引证标本：阿坝州黑水县农贸市场，2017年9月4日，何晓兰SAAS 2705。

分　　布：黑水县等地。

讨　　论：该种分布较广，但仅在黑水县市场上见到有售卖。单个子实体较小，菌盖薄，但往往成群生长，易于采集。

据报道该种也可生长在阔叶林中，但它们实质上是否为同一物种还有待深入研究。

密褶裸脚菇　*Gymnopus densilamellatus* Anton í n, Ryoo & Ka

俗　　名：草菌

形态特征：菌盖直径3～6cm，幼时半球形，成熟后近平展，幼时浅黄褐色或赭黄色，成熟后白色，菌盖中部颜色较深，光滑。菌褶直生，密，白色。菌柄长4～7cm，直径0.3～0.5cm，圆柱形，光滑，空心，黄白色或白色。担孢子椭圆形，光滑，无色，5.5～7×3～4μm。

生　　境：群生于针阔混交林地上。

引证标本：凉山州西昌市大箐乡，2014年7月4日，何晓兰SAAS 2754。

分　　布：西昌、昭觉等地。

讨　　论：该种在西昌昭觉等地市场上较为常见，当地民众大量采食并售卖，其菌肉薄，但子实体常群生，易于采集。

密褶裸脚菇正式发表于2016年（Ryoo et al., 2016），其模式标本采自韩国，笔者在西昌和昭觉等地市场上收集到的标本ITS序列与该种模式标本序列完全一致。

多纹裸脚菇 *Gymnopus polygrammus* (Mont.) J. L. Mata

俗　　名：茶树菇、草菌

形态特征：菌盖直径3～7cm，幼时凸镜形或近钟形，成熟后逐渐展开，光滑，有时菌盖边缘上翘，浅黄褐色至土褐色，边缘色稍浅，具明显长沟纹。菌褶直生，较密，白色或米白色。菌柄长4～8cm，直径0.3～0.6cm，圆柱形，空心，与菌盖同色或稍浅。担孢子椭圆形，光滑，无色，5～7.5×3～4μm。

生　　境：群生于针阔混交林地上。

引证标本：凉山州西昌市大箐乡，2020年7月4日，何晓兰SAAS 3750。

分　　布：西昌市、会理县。

讨　　论：该种在西昌市场上可见，当地人称为“茶树菇”，其菌柄较韧，菌肉较薄，食用口感不佳。

芥味黏滑菇　*Hebeloma sinapizans* (Paulet) Gillet

俗　　名：杨柳菌

形态特征：菌盖直径3～8cm，幼时半球形，成熟后近平展，黄褐色，略带红色色调，边缘颜色较浅，光滑，无条纹。菌褶直生，较密，污白色、浅灰色至浅灰褐色。菌柄长4～9cm，直径1～2cm，近圆柱形，由上向下渐变粗，空心，灰白色。担孢子椭圆形，表面具小疣突，褐色，10～14×6～8μm。

生　　境：群生于高山栎或柳树林地上。

引证标本：小金县美沣乡，2014年9月6日，何晓兰SAAS 1086。

分　　布：马尔康市、小金县、金川县等地。

讨　　论：该物种在阿坝州马尔康、小金县、金川县等地被广泛食用，且许多当地群众认为“它是一种非常美味的食用菌，比松茸更美味”。该物种产量较大，鲜品和干品都有售，但一般仅限于当地市场。收集自小金县等地市场上的标本ITS序列与芥味黏滑菇附加模式的ITS序列仅存在2个碱基的差异，因此结合形态学特征将其鉴定为芥味黏滑菇。

黏滑菇属许多物种都含有被称为黏滑菇酸hebelomic的三萜类毒素或

相似的化合物，据报道，食用大毒黏滑菇*H. crustuliniforme* (Bull.) Quél.后会引起胃肠炎反应，在欧洲黏滑菇属种类也被称为“毒派”(Poison Pie)。但在墨西哥市场上，有大量可食用的黏滑菇属蘑菇出售（Carrasco-Hernandez et al., 2015; Montoya et al., 2008; Pérez-Moreno et al., 2008）；尼日利亚、非洲等地也有采食黏滑菇属物种的习惯（Aremu et al., 2009）。先前国内有文献记载芥味黏滑菇有毒，食用后会产生胃肠炎型中毒症状（袁明生和孙佩琼，1995），但在马尔康、小金县、金川县还未有食用芥味黏滑菇中毒的案例。

黏滑菇属种类是外生菌根菌，能与多种树形成菌根，在欧洲部分地区已被用于植树造林。

白黄蜡伞　*Hygrophorus alboflavescens* A. Naseer & A.N. Khalid

俗　　名：白青冈菌。

形态特征：菌盖直径3.5～8cm，扁半球形至平展，有时边缘上翘，菌盖中部具不明显凸起，白色或米白色，中部略带黄色，光滑，湿时黏。菌褶近延生，稀，白色，不等长。菌柄长4～9cm，直径0.8～1.7cm，近圆柱形，实心，近光滑或被白色鳞片。菌肉白色，无明显味道。担孢子椭圆形，光滑，无色，7～8.5×3.5～4.5μm。

生　　境：生于栎树林或栎树与松树混交林，外生菌根菌。

引证标本：理县米亚罗镇路边，2014年9月6日，何晓兰SAAS 1205。

分　　布：理县、汶川县、小金县等地。

讨　　论：该种在阿坝州多地市场都可见到，其肉质紧实，口感较好。此前文献中报道与栎树共生的白色蜡伞物种还有象牙白蜡伞*H. cossus* (Sowerby) Fr.，*H. eburneus* (Bull.) Fr.，*H. penarioides* Jacobsson & E. Larss.，*H. quercetorum* P.D. Orton，*H. sordidus* Peck等（Larsson and Jacobsson, 2004）。在四川市场上售卖的该物种在DNA序列上与它们都有明显差异，从四川市场上收集的标本ITS序列与巴基斯坦的*H. alboflavescens*也有一定差异（Naseer et al., 2019），但这差异是种内变异还是物种间的差异还需要进一步研究。

有环蜡伞 *Hygrophorus annulatus* C.Q. Wang & T.H. Li

俗　　名：鸡丝菌、露水菌

形态特征：菌盖直径3～9cm，幼时扁半球，成熟后近平展，褐色，表面被平伏纤毛。菌褶短延生，白色，稀，不等长。菌柄长4～9cm，直径0.6～1.5cm，近圆柱形，实心，表面被与菌盖同色的蛇纹状环带。菌肉白色。担孢子椭圆形，光滑，无色，10～12×6.5～8.0μm。

生　　境：生于针阔混交林地上。

引证标本：四川理县米亚罗，2014年9月6日，何晓兰SAAS 2425。

分　　布：康定市、雅江县、理县、道孚县、炉霍县等地。

讨　　论：该种在甘孜州和阿坝州市场上较常见，产量较大，其口感较好。该种与橄榄白蜡伞极相似，但四川市场上售卖的这类蜡伞与欧美的材料在形态学及DNA序列上仍存在一些差异，Wang等将其命名为有环蜡伞*H. annulatus* (Wang et al., 2021)。

红青冈蜡伞　*Hygrophorus deliciosus* C.Q. Wang & T.H. Li

俗　　名：青冈菌、红菌子

形态特征：菌盖直径5～12cm，幼时近半球形，成熟后近平展或略上翘，深粉色至暗紫红色，被深色斑点，菌盖边缘上常有黄色斑块。菌褶直生，白色至污白色，常常有紫红色至暗紫红色斑点，较密，不等长。菌柄长3.5～7cm，直径1～2cm，颜色较菌盖稍浅，圆柱形，实心。菌肉厚，白色近表皮处带粉红色。担孢子椭圆形，光滑，无色，6.5～7.5×5～5.5μm。

生　　境：高山栎林、高山栎与松树混交林，外生菌根菌。

引证标本：小金县美沃乡，2015年8月18日，王迪SAAS 1396。

分　　布：阿坝州、甘孜州、凉山州。

讨　　论：红青冈蜡伞是四川藏区非常重要的一种野生食用菌，产量极大。该种宏观形态上与红菇属的物种相似，但其显微特征有明显区别。该种的俗名“青冈菌”源于它在栎树（青冈）林中非常常见。早先的文献中多将该类蘑菇鉴定为红菇蜡伞*H. russula* (Schaeff. ex Fr.) Kauffman，但形态学上的红菇蜡伞应该是包括了几个不同物种的复合群。Huang 等(2018) 结合形态学和分子生物学研究结果将西南地区亚高山带阔叶混交林中的“红菇蜡伞”作为一个独立的物种*H. parvirussula* H.Y. Huang & L.P. Tang进行了正式描述，但在四川高山栎林中的“红菇蜡伞”在形态和DNA序列上与*H. parvirussula*及欧洲的红菇蜡伞都存在较大的差异，王超群等将其描述为*Hygophorus deliciosus*（Wang and Li，2020）。

紫红蜡伞近似种 *Hygrophorus* aff. *purpurscens*

俗　　名： 红菌子

形态特征： 菌盖直径5～9cm，幼时近半球形，成熟后近平展或略上翘，粉红色至浅紫红色，被深色斑点。菌褶直生，白色，较密，不等长。菌柄长4～7cm，直径0.8～1.5cm，与菌盖同色或颜色稍浅，圆柱形，实心。菌肉厚白色。担孢子椭圆形，光滑，无色，6.5～7.5×5～5.5μm。

生　　境： 冷杉或云杉林地上，外生菌根菌。

引证标本： 甘孜州道孚县，2017年9月7日，何晓兰SAAS 2897。

分　　布： 康定市、道孚县、九寨沟县等地。

讨　　论： 该种在四川甘孜及阿坝州较常见，生长于高山针叶林中，它与*H. deliciosus*和*H. parvirussula*在形态上较为相似，但*H. deliciosus*生长于青冈林中，子实体较粗壮，菌肉较厚，*H. parvirussula*生长于阔叶混交林中。ITS序列分析结果也表明它们是三个不同的物种。

康定、道孚等地市场上售卖的该类真菌ITS序列与GenBank中来自欧美材料紫红蜡伞的ITS序列仍存在一些差异，其分类学地位还有待进一步深入研究。

美味漏斗伞　*Infundibulicybe* sp.

俗　　名：鸡油菌、香菌、喇叭菌

形态特征：菌盖直径3～8cm，浅漏斗形至漏斗形，光滑，土黄色至黄褐色，有时边缘波状或具褶皱。菌褶延生，较密，白色。菌柄长2.5～6cm，直径0.8～1.2cm，近圆柱形，与菌盖同色或稍浅，中空。菌肉薄，白色。担孢子椭圆形，光滑，无色，7～9×4.5～6μm。

生　　境：生于针叶林地上。

引证标本：西昌市大箐路边，2017年7月4日，何晓兰SAAS 2777。

分　　布：西昌市、昭觉县等地。

讨　　论：该种在西昌、昭觉等地野生菌市场上较为常见，天然产量也较大，当地人较为喜爱，据称其口感较好，一般每斤售价15～20元。

基于形态学和DNA序列分析，凉山州市场上售卖的该物种与漏斗伞属的其他已知物种均存在一定的差异，有可能是一个新物种。

橙色蜡蘑 *Laccaria aurantia* Popa, Rexer, Donges, Zhu L. Yang & G. Kost

俗　　名：皮条菌

形态特征：菌盖直径1.5～3.5cm，近扁半球形，后渐平展，中部下凹，深橙色至淡红褐色。菌褶直生或近延生，橙色，稀疏，宽，不等长。菌柄长3～6cm，直径0.2～0.5cm，与菌盖同色，圆柱形，中空。担孢子近球形，具小刺，无色，8～10μm。

生　　境：生于针阔混交林地上。

引证标本：攀枝花野生菌市场，2017年8月16日，何晓兰SAAS 2848。

分　　布：攀枝花、会理等地。

讨　　论：形态上该种与红蜡蘑 *L. laccata* (Scop.) Cooke较为相似，此前它也多被鉴定为红蜡蘑，但最近基于形态学和分子序列的证据表明，这类标本包括了多个不同的物种，其中就包括了橙色蜡蘑（Popa et al., 2014）。

双色蜡蘑　*Laccaria bicolor* (Maire) P.D. Orton

俗　　名：皮条菌、松菌

形态特征：菌盖直径1.5～3.5cm，近扁半球形，后渐平展，中部下凹，浅赭色至淡红褐色。菌褶直生，浅紫色。菌柄长3～6cm，粗0.2～0.5cm，淡红褐色带浅紫色，圆柱形，中空。担孢子近卵球形，具小刺，无色，7～9μm。

生　　境：生于针阔混交林地上。

引证标本：凉山州昭觉县附近路边市场，2019年7月12日，王迪SAAS 3129。

分　　布：攀枝花、会理等地。

讨　　论：双色蜡蘑是树木外生菌根菌，可食用。该种在林木育苗中应用也较为广泛。该种在攀西地区广泛采食和售卖，有时与蜡蘑属其他物种混在一起。

墨水蜡蘑 *Laccaria moshuijun* Popa & Zhu L. Yang

俗　　名：皮条菌、紫皮条菌

形态特征：菌盖2～4cm，幼时半球形，成熟后近平展，边缘上翘，中部略凹陷，紫色或紫色带褐色色调。菌褶紫色，直生或近弯生，宽，稀疏，不等长。菌柄长3～6cm，直径0.2～0.5cm，圆柱形，中空，与菌盖同色。菌肉薄。担孢子近球形，密布小刺，无色，8～10μm。

生　　境：生于松树林地上。

引证标本：西昌市大箐路边，2017年7月4日，何晓兰SAAS 2786。

分　　布：冕宁县、西昌市、米易县等地。

讨　　论：墨水蜡蘑在西昌周边市场较常见，有时可见大量出售该种。

在我国先前的文献中，该种多被鉴定为紫晶蜡蘑*L. amethystina* Cooke，但新近的研究发现，该种是不同于紫晶蜡蘑的新物种（Vincenot et al., 2017），并以云南当地人对该菌的俗称“墨水菌”(moshuijun)作为其种加词。该种与紫晶蜡蘑形态上的区别主要在于后者无囊状体，且分子序列也进一步证实这两个种存在明显差异（Vincenot et al., 2017）。

酒红蜡蘑 *Laccaria vinaceoavellanea* Hongo

俗　　名：皮条菌

形态特征：菌盖2～5cm，幼时半球形，成熟后近平展，中部略凹陷，肉褐色。菌褶直生，与菌盖同色，稀疏。菌柄长3～7cm，直径0.2～0.6cm，圆柱形，中空，与菌盖同色。菌肉薄。担孢子近球形，密布小刺，无色，7～9μm。

生　　境：生于松树林中地上。

引证标本：攀枝花野生菌市场，2017年8月16日，何晓兰SAAS 2887。

分　　布：攀枝花市、会理县等地。

讨　　论：许多蜡蘑属物种都被广泛采食，在四川多地市场上都可见，种类也较多，常多个物种混在一起售卖。

冷杉乳菇 *Lactarius abieticola* X.H. Wang

俗　　名：奶浆菌

形态特征：菌盖直径4～7cm，幼时半球形，成熟时近平展或边缘上翘，有时中部下凹呈浅漏斗状；表面被细绒毛或纤毛，具明显同心环纹；橙黄色。菌褶直生，较密，有时具短延生小齿，橙黄色至橙红色，不等长。菌柄长3～5cm，直径1～2cm，圆柱形，中空，与菌盖同色。乳汁黄色至橙色。菌肉浅黄色或浅橙色，2～4mm厚。担孢子椭球形，表面具明显纹饰，8～9.5×5.5～7.5μm。

生　　境：生于冷杉林地上。

引证标本：甘孜州道孚县龙灯乡，2017年9月7日，何晓兰SAAS 2763。

分　　布：道孚县等地。

讨　　论：该种隶属于乳菇属中松乳菇组，是新近描述自中国的一个新物种（Wang，2016），其天然产量较大，在甘孜州部分产区被采食。它与亮色乳菇*L. laeticolor* (S. Imai) Imazeki ex Hongo较为相似，但DNA序列分析结果表明，它们是两个截然不同的物种（Wang，2016）。

橙红乳菇　*Lactarius akahatsu* Nobuj. Tanaka

俗　　名：早谷黄

形态特征：菌盖直径4～10cm，幼时扁半球形，成熟时近平展，中部下凹呈浅漏斗状；具明显同心环带；橙黄色；伤变绿色。菌褶直生，较密，橙黄色至橙红色，不等长。菌柄长3～5cm，直径0.8～2cm，圆柱形，中空，与菌盖同色，具明显窝斑。乳汁橙色。菌肉浅黄色或浅橙色。担孢子椭球形，表面具明显纹饰，8～9.5×5.5～7.5μm。

生　　境：生于松树林地上。

引证标本：会理县野生菌市场，2020年7月17日，何晓兰SAAS 3695。

分　　布：米易县、会理县等地。

讨　　论：橙红乳菇在攀西地区市场上可见，但量并不大。在会理县，虽然有部分民众将该种也称为“早谷黄”，但在攀西地区“早谷黄”一般是指靓丽乳菇和松乳菇，且它们的售价明显要高于橙红乳菇。

黄褐乳菇 *Lactarius cinnamomeus* W.F. Chiu

俗　　名：米汤菌

形态特征：菌盖直径3～8cm，成熟后中部下凹呈浅漏斗状，边缘具短条纹；米灰色、浅灰色、米黄色至浅黄褐色，有时带粉红色色调。菌褶直生，米白色至米黄色，不等长。菌柄长4～8cm，直径0.7～1.5cm，圆柱形，中空，米黄色带红色色调，近光滑。乳汁白色，不变色。菌肉米白色。担孢子椭球形，表面具明显纹饰，6.5～8.0×5.5～7.0μm。

生　　境：生于松树林中地上。

引证标本：凉山州德昌县市场，2020年7月17日，何晓兰SAAS 3664。

分　　布：西昌市、德昌县、会理县等地。

讨　　论：黄褐乳菇在凉山州市场上较常见。收集自四川凉山州市场上的这类标本与Wisitrassameewong等（2015）发表的思茅乳菇*L. kesiyae* Verbeken & K.D. Hyde形态学特征和ITS序列均无差异，但思茅乳菇与黄褐乳菇实质上是同一物种，王向华等（2020）对分类学问题进行了详细的说明。

松乳菇 *Lactarius deliciosus* (L.) Gray

俗　　名： 松菌、早谷黄

形态特征： 菌盖直径4～10cm，幼时扁半球形，成熟时近平展，中部下凹呈浅漏斗状；具明显同心环带；橙黄色；伤变绿色。菌褶直生，较密，橙黄色至橙红色，不等长。菌柄长3～5cm，直径0.8～2cm，圆柱形，中空，与菌盖同色，具明显窝斑。乳汁橙色。菌肉浅黄色或浅橙色。担孢子椭球形，表面具明显纹饰，8～9.5×5.5～7.5μm。

生　　境： 生于松树林地上。

引证标本： 小金县巴郎山，2015年8月15日，王迪SAAS 1345。

分　　布： 雅江县、小金县、西昌市、昭觉县、会理县、会东县等地。

讨　　论： 松乳菇在凉山州多地市场上都可见到，出菇期较长，在凉山州会东、会理等地有时11月中旬还大量出菇并在市场上销售，其售价也较为可观，一般在80～100元/公斤。

云杉乳菇 *Lactarius deterrimus* Gröger

俗　　名：杉木菌

形态特征：菌盖直径4～9cm，幼时扁半球形，成熟时近平展，中部下凹；具不明显同心环带；橙黄色带绿色色调。菌褶直生，较密，橙黄色，伤变绿色。菌柄长3～5cm，直径1～2cm，圆柱形，中空，与菌盖同色或稍浅，伤变灰绿色。乳汁橙色至红色。担孢子椭球形，表面具明显纹饰，8～9.5×5.5～7.5μm。

生　　境：生于云杉林地上。

引证标本：四川雅江米龙乡米龙村，2019年8月5日，王迪SAAS 3405。

分　　布：康定市、雅江县、小金县等地。

讨　　论：云杉乳菇与松乳菇较相似，但该种生长在云杉林中，与云杉共生，而松乳菇通常与松树共生。

该种分布区域主要集中在甘孜州和阿坝州，产量较大，有商贩在当地大量收购销往外地，阿坝州市场上多见。

红汁乳菇　*Lactarius hatsudake* Nobuj. Tanaka

俗　　名： 乌松菌、松菌、九月香、铜绿菌、南瓜菌

形态特征： 菌盖直径3～7cm，近平展或边缘略上翘，肉色，污黄色，中间略呈橙黄色，边缘颜色较浅，有明显同心环带。菌褶浅橙色，较密，直生，不等长，伤变蓝绿色。菌柄长2.5～4.5cm，直径1.5～2.5cm，中空，与菌盖同色或稍浅，向下略细。乳汁橘红色渐渐变蓝绿色。菌肉粉色。担孢子椭圆形，有网纹，8～10×6.5～8μm。

生　　境： 生于松树林地上。

引证标本： 达州市青宁乡长梯村，2016年9月28日，何晓兰SAAS 2547。

分　　布： 达州市、万源市、攀枝花市、西昌市、昭觉县、会理县等地。

讨　　论： 红汁乳菇分布较广，在我国多地都被采食，在国际市场上也备受欢迎。其味道较好，食用价值较高。

在攀西地区和川东地区该种被广泛采食和销售。在达州市一带采食的乳菇主要就是靓丽乳菇和红汁乳菇，但在该地区靓丽乳菇的售价要高于红汁乳菇。

假红汁乳菇 *Lactarius pseudohatsudake* X.H. Wang

俗　　名：松菌、奶浆菌

形态特征：菌盖直径5～9cm，扁半球形至扁平，成熟后中部下凹，暗粉色，具同心环带。菌肉粉红色。菌褶短延生，较密，与菌盖同色。菌柄长4～7cm，粗0.7～1.5cm，中生，有时略偏生，圆柱形，成熟后中空，与菌盖同色。乳汁橘红色，不变色。担孢子椭圆形，有小刺，7～9.5×6～7.5μm。

生　　境：冷杉、云杉、松树与壳斗科树混交林地上。

引证标本：四川省凉山木里县金沟子，2016年7月21日，何晓兰SAAS 2206。

分　　布：凉山州、甘孜州。

讨　　论：假红汁乳菇主要分布在亚高山林针阔混交林中，它隶属于乳菇属松乳菇组，通常与其他乳菇属种类混在一起采食。

假红汁乳菇是近年描述自西南地区的一个松乳菇组新物种，它与红汁乳菇较为相似，但红汁乳菇一般分布在亚热带地区或低海拔地区的松树林中（Wang，2016）。

中华环纹乳菇　*Lactarius sinozonarius* X.H. Wang

俗　　名： 奶浆菌

形态特征： 菌盖直径5～10cm，浅漏斗状；具明显同心环纹；黄色至橙黄色。菌褶短延生，浅黄色或米黄色。菌柄长4.5～10cm，直径1～2cm，圆柱形，中空，与菌盖同色或稍浅。乳汁白色。菌肉米白色。担孢子椭球形，表面具明显纹饰，呈刺状或不规则脊状，7.5～8.5×5.5～7.0μm。

生　　境： 生于壳斗科植物与松树林中地上。

引证标本： 西昌市大箐乡，2019年7月13日，王迪SAAS 3144。

分　　布： 西昌市、昭觉县等地。

讨　　论： 该种可食用，但口感并不是很好，天然产量也不大。该种在西昌等地市场上可见到，有时与乳菇属其他物种混在一起出售。

中华环纹乳菇是2017年发表的一个新种（Wang，2017），它与环纹乳菇在形态上很相似，但这两个种DNA序列存在明显的差异。

近短柄乳菇 *Lactarius subbrevipes* X.H. Wang

俗　　名：猪鼻孔

形态特征：菌盖直径4～8cm，成熟后近平展，中部略下凹，边缘内卷，浅黄色至橙黄色，表面光滑，无环纹。菌褶直生，较稀，白色。菌柄较短，长1～3cm，直径1～1.5cm，近圆柱形，中空，白色至浅黄色，有明显的窝斑。乳汁白色。担孢子椭圆形，有不完成网纹，7～8×5.0～6.0μm。

生　　境：散生或群生于松树林地上。

引证标本：通江县农贸市场，2020年6月25日，何晓兰SAAS 3682。

分　　布：通江县、平昌县、宣汉县、剑阁县等地。

讨　　论：该种在川东地区较常见，野生产量较大，通江当地民众广泛采食，鲜售或焯水后出售，邻近通江的宣汉野外常见到该种，但当地民众较少采食。

近短柄乳菇子实体有些形似猪鼻，因此在通江当地民众称其为“猪鼻孔”。

香亚环纹乳菇 *Lactarius subzonarius* Hongo

俗　　名： 铜钱菌

形态特征： 菌盖直径3～6cm，幼时近扁平，中部略下凹，成熟时近平展浅漏斗状；具明显同心环带；浅红褐色至锈红色，环带颜色较浅。菌褶直生，较密，米黄色至浅红褐色，不等长。菌柄长3～5.5cm，直径0.6～1.3cm，圆柱形，中空，与菌盖同色。菌肉浅红褐色。担孢子椭球形，表面具明显纹饰，7.0～8.5×6.0～7.5μm。

生　　境： 生于松树林地上。

引证标本： 凉山州德昌县市场，2010年7月16日，何晓兰SAAS 3676。

分　　布： 会理县、德昌县等地。

讨　　论： 该种在凉山州多地市场上都可见到，但其子实体较小，产量并不大。

靓丽乳菇 *Lactarius vividus* X.H. Wang, Nuytinck & Verbeke

俗　　名：松菌、红松菌、松花菌、花花菌、早谷黄

形态特征：菌盖直径4～9cm，幼时半球形，中部略凹陷，边缘内卷，后逐渐展开，成熟时近平展或边缘上翘，有时中部下凹呈浅漏斗状；表面被细绒毛或纤毛，具明显同心环纹；橙黄色、橙红色或金黄色，有时略呈黄褐色，老时边缘具绿色或蓝绿色色调。菌褶较密，直生，有时具短延生小齿，橙黄色至橙红色，老时或受伤后有时呈蓝绿色至深绿色。菌柄长3～4.5cm，直径0.8～2cm，圆柱形，中空，与菌盖同色或稍浅。乳汁较少，黄色至橙色，暴露于空气后颜色逐渐变深。菌肉浅黄色或浅橙色。担孢子椭球形，表面具明显纹饰，呈刺状或不规则脊状，7.5～10.0×5.5～7.0μm。

生　　境：生于松树林地上。

引证标本：达州市溪流山，2015年6月13日，何晓兰SAAS 1214。

分　　布：达州市、通江县、南江县等地。

讨　　论：靓丽乳菇是川东地区和攀西地区一种重要的野生食用菌，在当地市场深受欢迎。在攀西地区市场上称为“早谷黄”，且其售价比乳菇属其他物种要高，在该地区“奶浆菌”一般是指假稀褶多汁乳菇*Lactifluus pseudohygrophoroides*。川东地区一般称为“松菌”或“松花菌”。它与松乳菇*L. delicious*同属松乳菇组sect. *Decliciosi*，生长在松树林中，此前有些报道中将这类真菌鉴定为松乳菇*L. deliciosus*。但新近基于形态学和分子生物学研究表明它与松乳菇存在较大的差别，与sect. *Decliciosi*组其他种类也有所不同，是一个此前未被认识的新物种（Wang et al., 2015a）。

灰绿多汁乳菇 *Lactifluus glaucescens* (Crossl.) Verbeken

俗　　名：牛奶菌

形态特征：菌盖直径6～12cm，成熟时中部下凹呈浅漏斗状，污白色至浅土黄色，表面光滑，无条纹。菌褶直生，极密，较窄，白色，不等长。菌柄长3～5cm，直径0.8～1.8cm，近圆柱形，向基部略变细，中空，白色，光滑。乳汁白色，暴露于空气中后逐渐变灰绿色。菌肉白色。担孢子椭球形，表面具明显纹饰，7.0～9.0×5.5～6.5μm。

生　　境：生于松树林地上。

引证标本：凉山州昭觉县附近，2020年7月15日，何晓兰SAAS 3633。

分　　布：西昌市、昭觉县、会理县等地。

讨　　论：该种在凉山州多地市场上都可见到，但销售量并不大，有时多与乳菇类其他物种混在一起售卖。

狮黄多汁乳菇近似种 *Lactifluus* aff. *leoninus*

俗　　名：大松菌、黄丝菌

形态特征：菌盖直径5～12cm，幼时半球形，成熟后近平展，中部略下凹，有时成熟后呈浅漏斗状，柠檬黄色至橙黄色，有时略带红色色调，表面光滑，一般无条纹，但有时老后边缘具短棱纹。菌褶直生，较稀，黄色。菌柄长3.5～5.5cm，直径1～2cm，圆柱形，中空，浅黄色。担孢子卵圆形，表面具明显纹饰，8～9.5×5.5～7.5μm。

生　　境：散生或群生于松树林地上。

引证标本：四川省达州市，2015年6月13日，何晓兰SAAS 1858。

分　　布：达州市、通江县、剑阁县、旺苍县等地。

讨　　论：该种子实体较大，在川东地区较为常见，当地民众广泛采食并在市场上售卖。

川东市场上售卖的这类乳菇与狮黄多汁乳菇有些相似，但它们在形态上仍存在较大差异，其分类学名称还需深入研究确认。

假稀褶多汁乳菇 *Lactifluus pseudohygrophoroides* H. Lee & Y.W. Lim

俗　　名： 奶浆菌

形态特征： 菌盖直径3～6cm，成熟后近平展，中部略下凹或呈浅漏斗状，橙黄褐色至红褐色，表面光滑。菌褶直生，稀疏，乳白色。菌柄长1～3.5cm，直径0.5～1cm，近圆柱形，向基部略细，黄白色深米黄色。乳汁白色。担孢子椭圆形，表面被网纹，8～9×6～7μm。

生　　境： 生于针阔混交林地上。

引证标本： 攀枝花市野生菌市场，2017年8月15日，何晓兰SAAS 2809。

分　　布： 德昌县、会理县、攀枝花市、米易县等地。

讨　　论： 该种是攀西地区野生菌市场上最为常见和销售量最大的乳菇之一，其子实体相对较小，但天然产量大。该种与稀褶多汁乳菇*Lactarius hygrophoroides* Berk. & M.A. Curtis在形态学上极为相似，在先前的文献中，该种也常被鉴定为稀褶多汁乳菇，但在DNA序列上两者存在一定的差异，是两个不同的物种（Hyde et al., 2017; Van de Putte et al., 2010）。

近粉绒多汁乳菇 *Lactifluus subpruinosus* X.H. Wang

俗　　名：奶浆菌

形态特征：菌盖直径6～11cm，幼时近扁半球形，成熟时近平展或中部下凹呈浅漏斗状；表面天鹅绒状，略呈轻微褶皱状；浅橙黄色至橙红色，略带褐色色调。菌褶直生，白色，伤变土褐色。菌柄长4～6cm，直径1～1.8cm，圆柱形，白色至浅黄色，伤变褐色，近光滑。乳汁白色，较多。菌肉厚达5mm，米黄色。担孢子椭球形，表面具明显纹饰，5.5～7.5×5.0～6.0μm。

生　　境：生于松树林地上。

引证标本：凉山州会理县市场，2020年7月18日，何晓兰SAAS 3555。

分　　布：西昌市、会理县、德昌县等地。

讨　　论：该种在凉山州多地市场上较常见，有时常与*Lactifluus tropicosinicus*混在一起售卖，但后者颜色明显较浅（Wang et al., 2015b）。

中华热带多汁乳菇　*Lactifluus tropicosinicus* X.H. Wang

俗　　名：奶浆菌

形态特征：菌盖直径5～11cm，幼时近扁半球形，成熟时近平展或中部下凹呈浅漏斗状；表面天鹅绒状，有时呈轻微褶皱状；乳白色至浅橙黄色。菌褶直生，白色，伤变黄褐色。菌柄长4～8cm，直径1～2cm，圆柱形，白色至米黄色，近光滑。乳汁白色，较多。菌肉厚达5mm，米黄色。担孢子椭球形，表面具明显纹饰，6.5～8.5×5.0～6.5μm。

生　　境：生于松树林地上。

引证标本：凉山州会理县市场，2020年7月18日，何晓兰SAAS 3639。

分　　布：会理县、德昌县等地。

讨　　论：该种在凉山州多地市场上较常见，其子实体较大。

多汁乳菇 *Lactifluus volemus* (Fr.) Kuntze

俗　　名：奶浆菌

形态特征：菌盖直径4～8cm，幼时扁半球形，成熟后较平展，中部下凹，表面光滑，无环带，暗土红色，边缘内卷。菌褶白色或带污黄色，伤变黄褐色，密，直生，不等长。菌柄长3～6cm，粗1～2.5cm，近圆柱形，光滑，与菌盖同色，初时实心后中空。菌肉白色，伤变褐色。乳汁白色，不变色。担孢子近球形，具小疣和网纹，8.0～9.0×7.0～8.5μm。

生　　境：生于松树林地上。

引证标本：米易县白坡乡，2016年10月22日，何晓兰SAAS 2575。

分　　布：米易、攀枝花、通江等地。

讨　　论：多汁乳菇是西南地区一种重要的食用菌，在攀西地区市场上较为常见，野生产量较大。但形态学上的多汁乳菇是一个复合群，包括了多个不同的物种（Van de Putte et al., 2010）。四川野生菌市场上售卖的多汁乳菇也并非单一的物种，且都与欧洲的多汁乳菇在ITS序列上存在较大的差异。

香菇 *Lentinula edodes* (Berk.) Pegler

俗　　名： 蘑菇、毛菇

形态特征： 菌盖直径4～10cm，幼时半球形，成熟后展开，有时边缘上翘，黄褐色。菌褶白色，密，弯生，不等长。菌柄长2.5～7cm，直径0.5～1.2cm，中生或偏生，米黄色，被纤毛状鳞片，实心。菌环易消失，白色。担孢子椭圆形，光滑，无色，6～8×3～3.5μm。

生　　境： 生于栎树倒木或枯枝干上。

引证标本： 凉山州会理县野生菌市场，2017年8月16日，何晓兰SAAS 2781。

分　　布： 攀枝花市、米易县、会理县、会东县、黑水县等地。

讨　　论： 香菇是我国大宗栽培食用菌种类之一，具有重要的经济价值。野生香菇在攀西地区较常见，有大量干品常年出售，其鲜品销售主要集中在五月，每年五月野生鲜香菇大量上市，但在6～9月，在市场上都可见到该种鲜品售卖。据当地收购商估计，仅西昌市、米易县两地鲜品年产量就可达500t，其售价一般在15～40元/斤。攀西地区当地人称之为“蘑菇”或“毛菇”。

肉色香蘑 *Lepista irina* (Fr.) H.E. Bigelow

形态特征： 菌盖直径5～8cm，成熟后近平展，中部稍下凹，污白色或奶油色，表面光滑，干燥，无条纹。菌褶白色至淡粉色，较密，直生至短延生，不等长。菌柄长4～7cm，直径1～1.5cm，圆柱形，与菌盖同色，实心。担孢子无色，椭圆形至宽椭圆形，粗糙至近光滑，7～10×4～5μm。

生　　境： 生于针阔混交林地上。

引证标本： 凉山州会理县野生菌市场，2017年8月17日，何晓兰SAAS 2759。

分　　布： 会理县、攀枝花市等地。

讨　　论： 肉色香蘑天然产量较小，野生菌市场上偶尔可见。该种口感和味道较好，据报道还有一定的抗氧化性和抗肿瘤活性（陈颖等，2009）。

花脸香蘑　*Lepista sordida* (Schumach.) Singer

俗　　名： 紫色菌、苞谷菌

形态特征： 菌盖直径3～6.5cm，幼时凸镜形，成熟后展开，边缘波状，有时中部稍下凹，浅紫色至紫色，湿润时半透明状或水浸状。菌褶淡蓝紫色，稍稀，直生或弯生，有时稍延生，不等长。菌柄长3～7cm，粗0.4～1cm，近圆柱形，靠近基部常弯曲，与菌盖同色，实心。菌肉淡紫色。担孢子椭圆形至近卵圆形，具细小麻点，无色，6.0～7.0×4.0～5.0μm。

生　　境： 生于阔叶林地上。

引证标本： 攀枝花市米易县市场，2020年7月17日，何晓兰SAAS 3612。

分　　布： 米易县、会理县等地。

讨　　论： 花脸香蘑是美味食用菌，在米易和会理等地市场上可见到，但量并不大。

粉褶白环蘑 *Leucoagaricus leucothites* (Vittad.) Wasser

形态特征：菌盖直径4～10cm，幼时半球形，成熟后近平展，中部略突起，奶白色至灰白色，中部颜色较深。菌褶离生，幼时白色，成熟后粉色。菌柄长5～11cm，直径0.6～1.5cm，近圆柱形，基部略膨大，灰白色，近光滑，内部松软至空心。担孢子椭圆形，光滑，无色，8～9×5～6.5μm。

生　　境：生于阔叶林地上。

引证标本：凉山州昭觉县市场，2019年7月12日，王迪SAAS 3185。

分　　布：昭觉县等地。

讨　　论：该种可食用，但白环蘑属中有部分种类有毒，采食时应小心区分。粉褶白环蘑在马边县等地市场上可见，其粉色的菌褶与幼时蘑菇属种类的菌褶相似，因此易被误认为是蘑菇属的种类。市场上该种也常与蘑菇属种类混在一起售卖。

大白桩菇　*Leucopaxillus giganteus* (Sowerby) Singer

形态特征： 菌盖直径4～7cm，扁平球形至近平展，菌盖中部略下凹，污白色、米白色至米黄色，伤变土褐色，光滑，边缘无条纹。菌褶短延生，较密，窄，不等长，白色至污白色，伤变土褐色。菌柄长4.5～7cm，直径0.8～2cm，近圆柱形，白色至米白色，伤变土褐色，实心。菌肉白色。担孢子椭圆形，光滑，无色，6.5～7.5×4～5μm。

生　　境： 生于针阔混交林中地上。

引证标本： 小金县野生菌市场，2020年7月31日，何晓兰SAAS 3728。

分　　布： 马尔康市、小金县等地。

讨　　论： 该种在阿坝州市场上可见，但销售量并不大。

银白离褶伞 *Lyophyllum connatum* (Schumach.) Singer

俗　　名：一群羊

形态特征：菌盖直径2～4cm，扁平球形至近平展，白色至灰白色。菌褶直生，较密，不等长，污白色或黄白色。菌柄细长，下部弯曲，常多个子实体丛生一起，实心。菌肉白色。担孢子椭圆形，无色，光滑，5～7×3.5～4μm。

生　　境：生于针阔混交林地上。

引证标本：马尔康野生菌市场，2017年7月27日，何晓兰SAAS 2866。

分　　布：九寨沟县、马尔康市等地。

讨　　论：银白离褶伞少量见于市场。其子实体与个别有毒的杯伞属物种形态上较为相似，采食时应注意。

烟色离褶伞　*Lyophyllum fumosum* (Pers.) P.D. Orto

俗　　名：一群羊

形态特征：菌盖直径1.5～5cm，幼时扁半球形，成熟后平展，浅灰褐色至灰褐色，表面近平滑。菌褶直生，不等长，较密，白色。菌柄长3.5～8cm，直径0.8～1.5cm，近圆柱形，实心。菌肉白色或污白色。担孢子近球形，光滑，无色，5.5～7.5μm。

生　　境：生于针阔混交林地上。

引证标本：西昌市野生菌市场，2017年7月5日，何晓兰SAAS 2748。

分　　布：西昌市等地。

讨　　论：该种在西昌市场上较常见，其口感细腻，味道较好。

玉蕈离褶伞 *Lyophyllum shimeji* (Kawam.) Hongo

俗　　名：一群羊

形态特征：菌盖直径5～12cm，幼时扁半球形，成熟后稍平展，灰褐色，光滑，边缘内卷。菌褶直生，不等长，白色至淡黄色，密。菌柄长3～8cm，直径1～2.5cm，污白色，实心。担孢子近球形，光滑，无色，4.5～6μm。

生　　境：生于针阔混交林地上。

引证标本：康定市野生菌市场，2015年8月8日，何晓兰SAAS 1646。

分　　布：康定市、会理县等地。

讨　　论：玉蕈离褶伞在康定等地市场上较为常见，其口感较好，食用价值高，深受民众喜爱。它与荷叶离褶伞在形态上较为相似。

小离褶伞　*Lyophyllum* sp.

俗　　名：栎窝菌

形态特征：子实体簇生，多个子实体基部相连。菌盖直径1.5～4cm，幼时扁半球形，成熟后平展，灰白色至浅灰褐色，光滑，有时边缘上翘。菌褶直生，不等长，白色至灰白色，密。菌柄长3～6cm，直径0.5～1cm，污白色，实心。菌肉薄。担孢子近球形，光滑，无色，4.5～6μm。

生　　境：生于针阔混交林地上。

引证标本：会理县市场，2020年7月18日，何晓兰SAAS 3640。

分　　布：会理县、米易县等地。

讨　　论：该种在攀西地区较常见，其子实体较小，菌肉较薄。形态学及DNA序列与市场上见到的离褶伞属其他物种均有差异。

卵孢小奥德蘑 *Oudemansiella raphanipes* (Berk.) Pegler & T.W.K. Young

俗　　名：露水鸡纵、黑皮鸡纵、长根菇

形态特征：菌盖宽3.5～8cm，初时半球形，成熟后平展至边缘上翘，中部略凸起，有褶皱，边缘具条纹，浅褐色至深褐色。菌褶弯生，白色，较宽，较稀，不等长。菌柄长5～10cm，直径0.3～1cm，近圆柱形，与菌盖同色，基部稍膨大且延生成假根状。菌肉白色，薄。担孢子卵圆形，光滑，无色，15～18×11～14μm。

生　　境：生长于松树林路边。

引证标本：凉山州会理县关河镇路边野生菌市场，2017年8月16日，何晓兰SAAS 2743。

分　　布：成都市、宜宾市、眉山市、攀枝花市、德昌县、会理县等地。

讨　　论：卵孢小奥德蘑现已广泛栽培，通常商品名称为黑皮鸡纵。市场上可见到该种少数野生子实体售卖。

卵孢小奥德蘑与真正的鸡纵属真菌不一样，其假根并不是生长在蚁巢上。此前许多文献中将其鉴定为长根小奥德蘑*O. radicata* (Relhan) Singer或鳞柄小奥德蘑*O. radicata* var. *furfuraceae* (Peck) Pegler & T.W.K. Young，但新近的形态学和分子系统学研究表明其正确的学名应为卵孢小奥德蘑（Hao et al., 2016）。

浅紫暗金钱菌　*Phaeocollybia* sp.

俗　　名：茶树菇

形态特征：菌盖直径1～3cm，初期圆锥形，后呈斗笠状，成熟后稍平展，浅黄褐色至土褐色，光滑。菌褶直生，密，污白色带浅紫色色调。菌柄长2～4cm，直径0.5～0.8cm，近圆柱形，空心，比菌盖颜色稍深，基部伸长呈假根状。担孢子椭圆形，光滑，6～8×4～5μm。

生　　境：生于冷杉林地上。

引证标本：甘孜州道孚县，2017年7月21日，何晓兰SAAS 2854。

分　　布：道孚县。

讨　　论：该种在道孚县市场上可见，其子实体较小，但常成群生长。收集自道孚县市场上的这类标本与已知的暗金钱菌属物种都存在一定的差异，其分类学归属还有待进一步研究。

肺形侧耳 *Pleurotus pulmonarius* (Fr.) Qué l.

俗　　名：白生菌

形态特征：菌盖直径4～8cm，肾形或近扇形，表面光滑，污白色、灰白色至灰黄色。菌褶白色，较密，延生，不等长。菌柄侧生，短或无，白色，实心。菌肉白色，靠近基部稍厚。担孢子长椭圆形，光滑，无色，7.0～9.0×3～4μm。

生　　境：生于阔叶树树桩或树干上。

引证标本：凉山州昭觉县附近，2020年7月15日，何晓兰SAAS 3583。

分　　布：西昌市、昭觉县、理县等地。

讨　　论：肺形侧耳在凉山州和阿坝州部分区域市场上可见到，有时候量较大。

烟色红菇 *Russula adusta* (Pers.) Fr.

俗　　名：黑菇

形态特征：菌盖直径5～10cm，幼时半球形，成熟后展开至近平展，有时中部略下凹，褐色至黑褐色，光滑，有时呈龟裂状，边缘无条纹。菌褶米色，较稀，直生，菌褶边缘伤变褐色。菌柄长2.5～4cm，直径1～2cm，圆柱形，灰白色至浅灰色，伤变土褐色，空心。担孢子卵圆形至近球形，具疣突和不完整网纹，7～8×6～7μm。

生　　境：生于针叶林中地上。

引证标本：凉山州昭觉县附近路边，2020年7月15日，何晓兰SAAS 3568。

分　　布：昭觉县、德昌县等地。

讨　　论：该种子实体较大，菌盖黑褐色，有时菌盖被土或腐殖质掩盖，不易发现。

金红菇 *Russula aurea* Pers.

俗　　名：鸡油黄

形态特征：菌盖直径3～6cm，半球形至近平展，有时中部略下凹，柠檬黄色至橙红色，光滑，边缘无条纹，有时呈龟裂状。菌褶白色，密，直生。菌柄长2.5～5cm，直径0.6～1.5cm，圆柱形，与菌盖同色，空心。担孢子卵圆形至近球形，有小疣突和网纹，无色，8～9×7～8μm。

生　　境：生于阔叶林中地上。

引证标本：凉山州会理县野生菌市场，2017年8月17日，何晓兰SAAS 2861。

分　　布：达州市、米易县、会理县等地。

讨　　论：该种分布较广泛，在部分地区有采食，因其子实体颜色呈鸡油黄色，会理当地称之为“鸡油黄”。

晚生红菇 *Russula cessans* A. Pearson

俗　　名：红菌子

形态特征：菌盖直径4～6cm，幼时半球形，成熟后展开至平展，中部下凹，紫红色，中部颜色较深，近紫黑色，光滑，边缘具不明显短条纹。菌褶米色至黄色，密，直生。菌柄长3.5～5.5cm，直径0.6～1.5cm，由上向下渐粗，白色，空心。担孢子卵圆形至近球形，有小刺和不完整网纹，7.5～9×7～8μm。

生　　境：生于松树林中地上。

引证标本：凉山州昭觉县附近路边，2020年7月15日，何晓兰SAAS 3608。

分　　布：攀枝花市、西昌市、昭觉县、会理县等地。

讨　　论：该种形态学特征较为独特，其菌盖紫红色，菌柄白色，菌褶呈黄色。

花盖红菇 *Russula cyanoxantha* (Schaeff.) Fr.

俗　　名： 米汤菌

形态特征： 菌盖直径5～9cm，幼时扁半球形，紫色，成熟后近平展，边缘长上翘，紫灰色、灰绿色带紫色色调，往往颜色多样。菌褶直生，较密，白色，不等长。菌柄长3.5～7cm，直径1～1.5cm，近圆柱形，白色，中空。菌肉白色。担孢子椭球形，有小疣突和不完整网纹，6.0～8.0×5.5～7.0μm。

生　　境： 生于壳斗科植物与松树混交林地上。

引证标本： 达州市溪流山，2015年6月13日，何晓兰SAAS 1733。

分　　布： 达州市、攀枝花市、米易县、会理县等地。

讨　　论： 该种为树木外生菌根菌，分布广泛，在川东和攀西地区市场上较为常见。其拉丁种加词“*cyanoxantha*”意为“黄色和蓝色”，但事实上该种很少呈现出这两种颜色。

美味红菇　*Russula delica* Fr.

俗　　名：石灰菌、背土菌

形态特征：菌盖直径5～10cm，初扁半球形，边缘内卷，中部下凹，成熟后展开成浅漏斗状，污白色至米黄色，光滑或具细绒毛，不粘，无条纹。菌褶直生，白色或奶油色，较密，不等长。菌柄长2～4.5cm，直径1～2.5cm，近圆柱形，白色。菌肉白色，伤不变色。担孢子近球形，有明显纹饰，8～9×7～8μm。

生　　境：生于松树与壳斗科混交林地上。

引证标本：德昌县市场，2020年7月18日，何晓兰SAAS 3526。

分　　布：西昌市、德昌县、昭觉县等地。

讨　　论：该种在攀西地区和秦巴山区一带常被采食，市场上较常见，产量较大。因其菌盖上常有泥土覆盖，川东地区也有老百姓称之为“背土菌”。

该种与日本红菇*R. japonica* Hongo形态上非常相似，但后者有毒，国内已报道过多起食用日本红菇引起中毒的事件（陈作红等，2016）。

密褶红菇 *Russula densifolia* Secr. Ex Gillet

俗　　名：火炭菌、火炭菇、火烧王

形态特征：菌盖直径4～8cm，灰褐色、烟灰色至炭黑色，后平展。菌肉白色，受伤后变褐红，后转黑。菌褶初灰白色，后期变黑，微延生。菌柄长3～6cm，直径1～2cm，近圆柱形，白色，实心。担孢子卵圆形，无色，具疣突和网纹，7～9.5×6.5～8.5μm。

生　　境：生于针阔混交林地上。

引证标本：达州市溪流山，2013年6月13日，何晓兰SAAS 1211。

分　　布：达州市、通江县、攀枝花市等地。

讨　　论：川东地区老百姓有采食密褶红菇的习惯，在达州等地通常焯水后出售。但它与剧毒的亚稀褶红菇*Russula subnigricans* Hongo形态上极为相似，采食时应特别注意。

臭红菇　*Russula foetens* Pers.

俗　　名：油辣菇

形态特征：菌盖直径4～8cm，幼时扁半球形，成熟后展开，中部下凹，黄褐色至土褐色，边缘具明显条纹。菌褶弯生，污白至浅黄色，常有深色斑痕。菌柄长3～7cm，直径1～2cm，圆柱形，污白色至淡黄色，空心。菌肉污白色，具腥臭味，辛辣。担孢子近球形，有明显小刺及网纹，无色，7.5～9.5μm。

生　　境：生于壳斗科林中地上。

引证标本：通江县陈河乡，2016年7月26日，何晓兰SAAS 2244。

分　　布：通江县、达州市、黑水县、理县、康定市、西昌市等地。

讨　　论：在四川市场上见到的这类红菇属于臭红菇复合群，这类红菇分布较广，在四川许多地区老百姓都有采食和销售的习惯，在凉山州销售量较大。

陈作红等（2016）认为食用这类红菇后会引起胃肠炎型中毒反应，应慎食。

灰肉红菇近似种 *Russula* aff. *griseocarnosa*

俗　　名： 大红菌、红菌子

形态特征： 菌盖直径8～13cm，幼时半球形，成熟后近平展，菌盖中部下凹，血红色，中部颜色较深，光滑，成熟后边缘有明显或不明显短条纹，表皮易撕裂。菌褶直生，白色，较密。菌柄长3～5cm，直径1～2cm，圆柱形，浅粉色至粉红色，空心。菌肉灰白色。担孢子卵圆形至近球形，有小刺和不完整网纹，无色，8～10×7.5～8.5μm。

生　　境： 生于针阔混交林中地上。

引证标本： 德昌县市场，2020年7月18日，何晓兰SAAS 3588。

分　　布： 西昌市、德昌县等地。

讨　　论： 该种在攀西地区较常见，有商贩大量收购该种销往广东、福建等地。它与灰肉红菇*R. griseocarnosa* X.H. Wang, Zhu L. Yang & Knudsen形态上较为相似（Wang et al., 2009），菌肉也多呈浅灰色，但其ITS序列与灰肉红菇模式标本ITS序列存在明显的差异。

玫瑰红菇　*Russula rosea* Pers.

俗　　名：红胭脂、红菌子

形态特征：菌盖直径3～8cm，幼时半球形，成熟后近平展，有时中部略下凹，暗红色至鲜红色，光滑，边缘无条纹。菌褶直生，白色，较密。菌柄长3～5cm，直径1～2cm，圆柱形，浅粉色至粉红色，空心。菌肉白色。担孢子无色，卵圆形至近球形，有明显小刺及网纹，6.5～8×5～7μm。

生　　境：生于阔叶林地上。

引证标本：西昌市大箐乡，2019年7月13日，王迪SAAS 3032。

分　　布：西昌市、昭觉县等地。

讨　　论：攀西地区许多地方老百姓都有采食该种的习惯，在多地市场上都可见销售，但量并不是很大。

变绿红菇 *Russula virescens* (Schaeff.) Fr.

俗　　名：青头菌、青盘菌、青盘子、绿豆菌

形态特征：菌盖直径4～9cm，幼时半球形，成熟后平展，有时菌盖中部有凹陷，青绿色、灰绿色，盖面呈斑块状龟裂。菌褶直生，白色，较密。菌柄长2.5～6cm，直径0.8～2cm，近圆柱形，白色，初实后空。菌肉白色。担孢子卵圆形至近球形，无色，6.5～8×6.5～7.5μm。

生　　境：生于壳斗科与松树混交林地上。

引证标本：达州市溪流山，2015年6月13日，何晓兰SAAS 1962。

分　　布：达州市、西昌市、通江县等地。

讨　　论：该种为树木外生菌根菌，分布较广，在东欧和东亚地区都被作为一种美味的野生食用菌。它在四川天然产量较大，市场上较常见。在攀西多地市场上小贩大量收购该种销往云南。

分布于北美的*R. parvovirescens* Buyck, D. Mitch. & Parrent和*R. aeruginea* Lindblad ex Fr.与该种有些相似，但*R. parvovirescens*子实体明显较小，*R. aeruginea*菌盖不呈龟裂状（Buyck et al., 2006）。

球根蚁巢伞　*Termitomyces bulborhizus* T.Z. Wei, Y.J. Yao, Bo Wang & Pegler

俗　　名： 独鸡㙡、斗鸡菇

形态特征： 菌盖直径5～8cm，幼时圆锥形，逐渐展开成斗笠形或平展，中部具明显突起，浅灰色至灰色。菌褶白色，密，弯生，不等长。菌柄长4～8cm，粗1.5～2.5cm，白色，纤维质，基部延生成假根状。菌肉白色，薄。担孢子无色，光滑，椭圆至近卵圆形，7.5～9.0×4.5～6.5μm。

生　　境： 生于白蚁窝上。

引证标本： 西昌市野生菌市场，2017年7月5日，何晓兰SAAS 2753。

分　　布： 西昌市、会理县、米易县、攀枝花市等地。

讨　　论： 球根蚁巢伞的模式标本采自四川米易县（Wei et al., 2004）。该种在市场上的量并不是很大，常与其他鸡㙡混在一起出售。其子实体较大，基部明显近球形。该种常单生，因此老百姓也称之为“独鸡㙡”。它与真根蚁巢伞*T. eurhizus* (Berk.) R. Heim有些相似，但后者假根表面呈黑色（Pegler and Vanhaecke，1994）。

盾形蚁巢伞 *Termitomyces clypeatus* R. Heim

俗　　名：斗鸡菇

形态特征：菌盖直径4～9cm，幼时圆锥形，逐渐展开成斗笠形或平展，中部具明显突起，中部灰褐色至灰黑色，其他部分颜色较浅，灰白色至灰色。菌褶白色至浅粉色，密，离生。菌柄长4～11cm，粗0.8～1.5cm，白色，圆柱形，基部处略膨大，基部向下延生成假根状，假根白色。菌肉白色。担孢子椭圆至近卵圆形，光滑，无色，6.0～7.5×3.5～5μm。

生　　境：生于白蚁窝上。

引证标本：攀枝花市米易县河西，2015年8月11日，王迪SAAS 1887。

分　　布：西昌市、会理县、米易县、攀枝花市等地。

讨　　论：该种天然产量较大，市场上较常见。四川市场上售卖的此类蚁巢伞均暂定为盾形蚁巢伞，但DNA序列分析结果表明它们代表了多个系统发育种，其真正的分类学归属还有待深入研究。

真根蚁巢伞　*Termitomyces eurrhizus* (Berk.) R. Heim

俗　　名：火把鸡㙡、斗鸡菇

形态特征：菌盖直径5～11cm，幼时圆锥形，逐渐展开成斗笠形或平展，中部具明显突起，中部灰褐色至灰褐色，其他部分颜色较浅，灰白色至浅灰色。菌褶白色至浅粉色，密，弯生。菌柄长5～13cm，粗0.8～2cm，白色，圆柱形，基部处略膨大，基部延生成假根状，假根黑色，脆骨质。菌肉白色。担孢子无色，平滑，椭圆至近卵圆形，6.0～8.0×4.5～5.5μm。

生　　境：生于白蚁窝上。

引证标本：宜宾市老君山路边，2015年8月30日，何晓兰SAAS 1869。

分　　布：宜宾市、西昌市、米易县、攀枝花市等地。

讨　　论：该种假根表面黑色，整个子实体口感脆嫩。四川多地都可采集到该种，但不同地方的标本形态特征存在一定差异，可能形态学上的真根蚁巢伞包括了几个不同的物种。

小果蚁巢伞近似种 *Termitomyces* aff. *microcarpus*

俗　　名：鸡㙡花

形态特征：菌盖直径1～2.5cm，斗笠形至平展，有时边缘上翘，纯白色。菌褶白色，密，近离生，不等长。菌柄长3.5～5cm，粗0.2～0.5cm，白色，具丝光，基部钝或生成假根生白蚁窝上。菌肉白色，薄。担孢子宽椭圆至近卵圆形，光滑，无色，6.0～7.7×4.0～5.0μm。

生　　境：松树林或松树与栎树等阔叶树混交林。

引证标本：西昌市河西，2015年8月11日，王迪SAAS 1895。

分　　布：攀枝花、米易、会理等地。

讨　　论：该类鸡㙡通常被鉴定为小果鸡㙡*T. microcarpus*，但小果鸡㙡原始形态描述中其“菌盖颜色多呈污白色，且中部尖突颜色较深”，其孢子也较该种稍小（Berkeley and Broome，1871）。

GenBank里标记为小果鸡㙡的序列差异较大，代表了多个不同的系统发育种，四川市场上售卖的这类鸡㙡其ITS序列与GenBank里“小果鸡㙡”的序列差异也很大，可能是一个未被认识的新物种。

小灰蚁巢伞　*Termitomyces* sp.

俗　　名：小鸡𡎚、鸡𡎚花

形态特征：菌盖直径2～4cm，斗笠形至平展，中部具凸起，浅灰色至灰褐色，中部颜色较深，向边缘较浅。菌褶白色，较密，近离生。菌柄长3～5cm，粗0.3～0.5cm，白色或灰白色，基部成假根状。菌肉薄。担孢子宽椭圆至近卵圆形，光滑，无色，6.0～8.0×4.0～5.0μm。

生　　境：松树林或松树与栎树等阔叶树混交林。

引证标本：凉山州德昌县野生菌市场，2020年8月21日，何晓兰SAAS 3737。

分　　布：攀枝花市、会理县等地。

讨　　论：该种子实体小，但常成群生长，在攀西地区市场上较常见。

假松口蘑 *Tricholoma bakamatsutake* Hongo

俗　　名：松茸

形态特征：菌盖直径4～8cm，幼时半球形，成熟后渐平展，被锈红色至红褐色平伏的毛状鳞片。菌褶弯生，较密，白色，不等长。菌柄长4.5～8cm，直径1～2.5cm，圆柱形，米白色，被锈红色至红褐色平伏的毛状鳞片，实心。菌肉白色，有特殊香味。担孢子卵圆形，光滑，无色，5～6×4～5.5μm。

生　　境：生于栎树林中地上。

引证标本：冕宁县野生菌市场，2017年8月14日，何晓兰SAAS 2734。

分　　布：冕宁县等地。

讨　　论：假松茸与松茸的主要区别在于前者子实体较小，带明显的红色，而松茸颜色较深。在四川，假松茸生长在低海拔的栎树林中；而松茸多生长在低海拔的松树林、松栎混交林中，或高海拔的高山栎林中。

油口蘑　*Tricholoma equestre* (L.) P. Kumm.

俗　　名： 黄丝菌

形态特征： 菌盖宽3.5～9cm，幼时半球形，成熟后近平展，淡黄色、柠檬黄色，被褐色鳞片，中部鳞片较密。菌肉白色至带淡黄色，稍厚。菌褶弯生，淡黄色至柠檬黄色，较密，不等长，边缘锯齿状。菌柄长3.5～6.5cm，直径0.8～1.8cm，淡黄色，被纤毛状小鳞片，近圆柱形，基部稍膨大。担孢子无色，光滑，卵圆形至近球形，5～6×4.5～5.5μm。

生　　境： 松树与栎树混交林地上。

引证标本： 西昌市食用菌市场，2017年7月5日，何晓兰SAAS 2772。

分　　布： 西昌市、会理县等地。

讨　　论： 该种是树木外生菌根菌，在凉山州市场上较常见，天然产量较大，味道较好。

在凉山州，黄丝菌一般特指该种，而非鸡油菌属真菌，有少数老百姓有时也称中华灰褐纹口蘑*T. sinoportentosum* Zhu L. Yang, Reschke, Popa & G. Kost为“黄丝菌”，但油口蘑菌褶呈鲜黄色，而中华灰褐纹口蘑菌褶白色或米白色。

松口蘑 *Tricholoma matsutake* (S. Ito & S. Imai) Singer

俗　　名：松茸、毛菇、蘑菇等

形态特征：菌盖直径4～12cm，幼时半球形，成熟后近平展，米黄色至土黄色，被黄褐色平伏的纤毛状鳞片。菌褶白色至乳黄色，弯生，不等长，较密。菌柄长4～9cm，直径1～3cm，与菌盖同色，被黄褐色毛状鳞片，圆柱形，实心。菌肉白色，有特殊香味。担孢子椭圆形，光滑，无色，6.5～7.5×5～6μm。

生　　境：高山栎林、高山栎与松树混交林。

引证标本：凉山州木里县跨土坪，2016年7月14日，何晓兰 SAAS 2216。

分　　布：甘孜州、阿坝州、凉山州木里县、攀枝花市米易县、巴中市通江县等地。

讨　　论：松口蘑是一种名贵的野生食用真菌。在国内外深受欢迎。松口蘑在我国主要分布于四川省、吉林省、云南省、西藏自治区等地区。吉林省及云南省低海拔地区松口蘑主要生长于松树林中，而四川省、西藏自治区及云南省高海拔地区的松口蘑主要分布在高山栎林或高山栎与松树混交林中。笔者在调查中发现，松茸在四川分布区域除了传统上认为的甘孜州、阿坝州等地外，在巴中市通江县等地松树林中也有分布。四川雅江因松茸产量大，品质较好，2013年被中国食用菌协会授予“中国松茸之乡”的称号。

市场上售卖的松口蘑多以幼嫩未开伞的子实体为主，这对松茸野生资源可持续利用带来了极大的危害，许多松茸产区年产量也逐年下降。

皂味口蘑 *Tricholoma saponaceum* (Fr.) P. Kumm. 1871

俗　　名：白鸡油菌

形态特征：菌盖直径4～9cm，幼时半球形，成熟后近平展，中部略凸起，灰绿色至橄榄褐色。菌褶白色，弯生，不等长，较密。菌肉白色，伤变暗红色。菌柄长4～7cm，直径1～2cm，浅灰绿色，近圆柱形，中空，基部略膨大。菌肉白色。担孢子椭圆形至近卵圆形，光滑，无色，5～6.5×3.5～5μm。

生　　境：生于冷杉与云杉林地上。

引证标本：新龙县野生菌市场，2017年9月6日，何晓兰SAAS 2712。

分　　布：新龙县、九龙县、西昌市、会理县等地。

讨　　论：该种为树木外生菌根菌，分布范围较广，在凉山州和甘孜州部分地区被采食，但也有报道认为该种有毒，不宜采食（陈作红等，2016）。

会理当地老百姓称该种为“白鸡油菌”，市场上常见。

中华灰褐纹口蘑 *Tricholoma sinoportentosum* Zhu L. Yang, Reschke, Popa & G. Kost

俗　　名：青菌、黄丝菌

形态特征：菌盖直径 4～8cm，幼时近半球形或钝圆锥形，绿灰色至褐色，中部颜色较深，被褐色纤毛。菌褶近弯生，较密，灰白色至白色。菌柄长5～10cm，直径1～2cm，圆柱形或近棒状，初实后空，伤变黄色。菌肉白色。担孢子无色透明，宽椭圆形，光滑，5.5～7×4.5～5.5μm。

生　　境：生于云杉与冷杉林中地上。

引证标本：小金县野生菌市场，2014年9月6日，何晓兰SAAS 1711。

分　　布：康定市、小金县、金川县、西昌市、甘洛县等地。

讨　　论：*Tricholoma sinoportentosum*是新近被描述的一个物种，菌柄伤变黄色，其模式标本采自西藏（Reschke et al., 2018）。它通常生于海拔较高的高山针叶林中，在康定市场上极为常见，产量较大，口感细腻，当地人称其为“青菌”；小金县、金川县、西昌市、甘洛县等地野生菌市场上也有售卖，但产量较康定市场上小很多；西昌周边有老百姓称其为“黄丝菌”。

白灰口蘑　*Tricholoma* sp.

俗　　名：白灰灰菌

形态特征：菌盖3～6cm，幼时近半球形，成熟后平展或边缘上翘，中部略凸起，灰白色，被灰白色至浅灰色纤毛状鳞片，中间鳞片较密，向菌盖边缘稍稀。菌褶米白色至灰白色，密，弯生，不等长。菌柄长3～5cm，直径0.5～1cm，圆柱形，白色至污白色，具细软毛，内部松软至中空，基部稍膨大。担孢子椭圆形，光滑，无色，5～7×3～4μm。

生　　境：生于栎树与松树混交林地上。

引证标本：阿坝州理县，2020年8月4日，何晓兰SAAS 3705。

分　　布：理县。

讨　　论：该种与棕灰口蘑*T. terreum*非常相似，有时较难区分，后者子实体颜色明显较深，两者ITS序列也存在明显差异。

该种与棕灰口蘑在市场上都可见到，但其在四川的分布范围并不如后者那么广泛，仅在理县市场上见到有较大量该种销售，在当地它被称为“白灰灰菌”，而棕灰口蘑则被称为“黑灰灰菌”。

棕灰口蘑 *Tricholoma terreum* (Schaeff.) P. Kumm.

俗　　名：灰灰菌、黑灰灰菌

形态特征：菌盖3～6cm，幼时近半球形，成熟后平展或边缘上翘，中部略凸起，浅灰色，密被灰褐色纤毛状鳞片。菌褶灰白色至浅灰色，密，弯生，不等长。菌柄长2.5～6cm，粗0.7～1.6cm，圆柱形，白色至污白色，具细软毛，内部松软至中空，基部稍膨大。担孢子椭圆形，光滑，无色，5.5～7×3.5～5μm。

生　　境：生于栎树林或栎树与松树混交林地上。

引证标本：四川省理县米亚罗镇，2014年9月6日，何晓兰SAAS 1839。

分　　布：康定市、理县、小金县、西昌市、昭觉县等地。

讨　　论：棕灰口蘑在欧洲和国内多地都被采食，但近年来有研究结果认为该种可能存在潜在毒性，很可能是10多年前在《新英格兰医学杂志》上报道的横纹肌溶解死亡病例的重要原因（Yin et al., 2014）。

该种在四川多地都可见到有售卖，天然产量很大。

突顶口蘑　*Tricholoma virgatum* (Fr.) P. Kumm.

俗　　名：鸡㙡

形态特征：菌盖直径2～6cm，圆锥形至近平展，中部具明显尖突，银灰色、灰色至灰褐色，向中部颜色稍深；尖突银灰色至灰褐色，有时呈红褐色。菌褶白色至灰白色，弯生，不等长。菌柄长5～9cm，直径0.8～1.2cm，近圆柱形，基部略膨大，实心，灰白色至银灰色，具纵条纹。菌肉灰白色。担孢子宽椭圆形，光滑，无色，7～8×5～6μm。

生　　境：生于云杉林地上。

引证标本：康定市野生菌市场，2012年8月16日，何晓兰SAAS 396。

分　　布：康定市、道孚县、稻城县等地。

讨　　论：该种在甘孜州和阿坝州等地分布较广，康定市场上常见，销售量较大。康定市场上销售的这类蘑菇形态特征与DNA序列都与突顶口蘑一致。Vizzini等（2015）等描述的*T. virgatum* var. *fulvoumbonatum*与突顶口蘑原变种差别仅在于该变种菌盖中部尖突为红褐色，但其尖突颜色有可能并非稳定的形态学特征，在康定市场上售卖的突顶口蘑菌盖中部尖突既有银灰色、灰色，也有的呈红褐色。

该种在康定市场上较常见，量也较大，当地商贩或民众多称之为“鸡㙡”，但它与真正的“鸡㙡”存在极大的差异。

赭红拟口蘑近似种　Tricholomopsis aff. rutilans

俗　　名：黄丝菌

形态特征：菌盖直径4～10cm，幼时近斗笠形，成熟后平展，被紫红色鳞片，中部颜色较深。菌褶带黄色，近直生，不等长，褶缘锯齿状。菌柄长4～8cm，直径0.7～2cm，近圆柱形，被黄色或紫红色细小鳞片，空心，基部略膨大。菌肉白色带黄。担孢子椭圆形，光滑，无色，6～7×4～5μm。

生　　境：生于腐木桩旁。

引证标本：西昌市大箐乡路边，2017年7月4日，何晓兰SAAS 2811。

分　　布：西昌市、昭觉县等地。

讨　　论：刘培贵（1994）曾描述过西南地区的两个拟口蘑属新种和一个新变种，其中一个新种青盖拟口蘑*T. lividipileata* P.G. Liu模式标本就采自四川西昌市，且有文献报道该种是当地民众最喜采食的食用菌之一（袁明生和孙佩琼，1995），但由于笔者调查次数所限，并未在市场上发现该种。

该种在西昌及昭觉县等地市场上较常见，与赭红拟口蘑*Tricholomopsis rutilans* (Schaeff.) Singer形态上较为相似，但后者有毒，可引起胃肠炎症状，不可食用。

二、鸡油菌类

鸡油菌 *Cantharellus cibarius* Fr.

俗　　名：黄丝菌、鸡油菌

形态特征：菌盖直径3～6cm，幼时扁半球形，中部下凹，光滑，橙黄色或柠檬黄色。菌褶黄色，分叉，稀，延生。菌柄长2～5cm，直径0.5～1cm，近圆柱形，实心，黄色。菌肉白色。担孢子椭圆形，光滑，无色，7～8×4.5～5.5μm。

生　　境：生于松树与栎树混交林地上。

引证标本：乡城县无名山，2015年9月6日，何晓兰SAAS 1460。

分　　布：木里县、乡城县、小金县等地。

讨　　论：鸡油菌是有名的菌根食用菌之一，在欧美市场深受欢迎，该种在四川分布较广，产量大，是重要的出口野生菌之一。但形态学上的鸡油菌是一个复合群，实际包括了多个不同的物种，从四川多地市场收集的该类标本在DNA序列上也存在明显差异，还有待进一步深入研究。

小鸡油菌　*Cantharellus minor* Peck

俗　　名：鸡油菌、黄丝菌

形态特征：菌盖直径1.5～3cm，最初扁平，后中部略下凹，光滑，橙黄色，老后退色，边缘波状。菌褶不典型，皱褶状至棱状，延生，乳白色至奶油色。菌柄长2～4cm，直径0.3～0.8cm，橙黄色，近圆柱形，常弯曲，光滑，实心。担孢子宽椭圆形，光滑，无色，6.5～8.5×5～6.5μm。

生　　境：生于松树与栎树混交林地上。

引证标本：成都市仁寿县文宫附近，2020年9月26日，袁江SAAS 3939。

分　　布：成都市、达州市等地。

讨　　论：该种子实体较小，橙黄色，在四川盆地周围较常见。

桃红鸡油菌 *Cantharellus phloginus* S.C. Shao & P.G. Liu

俗　　名：红鸡油菌

形态特征：菌盖直径1.5～3.5cm，最初扁平，后中部略下凹，光滑，幼时橙红色，老后退色，边缘波状至瓣裂状，无条纹。菌褶不典型，皱褶状至棱状，延生，乳白色至奶油色。菌柄长2～4cm，直径0.3～0.8cm，浅橙红色，近圆柱形，常弯曲，光滑，实心。担孢子宽椭圆形，光滑，无色，7～9×4.5～6μm。

生　　境：生于松树与栎树混交林地上。

引证标本：凉山州会理县野生菌市场，2017年8月16日，何晓兰SAAS 2716。

分　　布：达州市、会理县等地。

讨　　论：该种正式发表于2016年（Shao et al., 2016a），模式标本采自云南，分布在热带或亚热带针阔混交林中。在四川达州市、攀枝花市、会理市等地市场上较常见，但量通常较少，常与黄色的鸡油菌混在一起售卖。四川市场上收集到的这类标本tef1序列与该种模式序列完全一致。

此前国内这类标本通常被鉴定为红鸡油菌*C. cinnabarinus* (Schweinitz) Schweinitz，但Shao等（2016a）的研究结果表明，许多采自中国的“红色鸡油菌”标本与红鸡油菌存在差异并被证实命名为*C. phloginus*。

薄盖鸡油菌　*Cantharellus* sp.

俗　　名：小鸡油菌

形态特征：菌盖直径1.5～3cm，中部下凹呈浅漏斗状，暗橙黄色，菌盖中部灰褐色，具细小纤毛状鳞片，边缘波状，无条纹。菌褶延生，近褶片状，浅黄色至暗黄色。菌柄长2～4cm，直径0.3～0.6cm，浅黄色至暗黄色，近圆柱形，常弯曲，光滑，空心。担孢子宽椭圆形，光滑，无色，7～8×4.5～5.5μm。

生　　境：生于松树与栎树混交林地上。

引证标本：凉山州会理县市场，2020年8月20日，何晓兰SAAS 2814。

分　　布：攀枝花市、米易县、会理县、会东县等地。

讨　　论：该种在攀西地区较常见，尤其是会理一带，其子实体较小，菌肉薄，但与小鸡油菌存在明显差异。

杂色鸡油菌 *Cantharellus versicolor* S. C. Shao & P. G. Liu

俗　　名：黄丝菌、鸡油菌

形态特征：菌盖直径2～7cm，中部凹陷或无，黄色、黄褐色至褐色，表面被黄褐色至褐色鳞片。菌肉较薄。菌褶不典型，皱褶状至棱状，黄色至淡黄色。菌柄长 4～7cm，直径 0.5～1cm，圆柱形，黄色至淡黄色，实心。担孢子椭圆形，光滑，无色，9～10×6～7μm。

生　　境：生于冷杉、云杉林地上。

引证标本：黑水县市场，2017年9月8日，何晓兰SAAS 2707。

分　　布：黑水县、康定市、小金县等地。

讨　　论：杂色鸡油菌模式标本采自云南香格里拉（Shao et al., 2016b），在四川黑水县等地市场上收集的标本tef1序列与杂色鸡油菌基本一致，故将市场上售卖的这类鸡油菌鉴定为杂色鸡油菌。

变黄喇叭菌　*Craterellus lutescens* (Fr.) Fr.

俗　　名：喇叭菌、鸡油菌

形态特征：菌盖直径3～6cm，喇叭形，浅黄褐色至浅褐色，被细小鳞片，边缘不规则或呈波状。子实层体平滑至具浅脉纹，延生，黄色。菌柄长3.5～8cm，直径0.4～0.9cm，扁柱形，黄色至橘黄色，空心。菌肉薄。担孢子椭圆形，光滑，无色，9～12×4～5μm。

生　　境：生于针阔混交林地上。

引证标本：凉山州会理县野生菌市场，2017年8月16日，何晓兰SAAS 2858。

分　　布：攀枝花、会理、会东、雅安等地。

讨　　论：该种可能与松树等形成外生菌根，其子实体较小，但常成群生长，在攀西地区较为常见。有文献报道（Doljak et al., 2001），变黄喇叭菌的一种提取物对凝血酶有抑制作用。

毛钉菇 *Gomphus floccosus* (Schw.) Singer

俗　　名：喇叭菌、唢呐菌

形态特征：担子果群生，较大。子实体高6～12cm，漏斗状至喇叭状，直径2～5cm，新鲜时鲜橙色，表面被鳞片，老后退为橙褐色或橙黄色。子实层体脊纹状，黄白色。菌柄圆柱形，黄白色，向下明显变细，中空。担孢子10.5～15×6～7.5μm，椭圆形，被细疣。

生　　境：生于冷杉、松树、栎树混交林地上。

引证标本：凉山州木里县金沟子，2016年7月21日，何晓兰SAAS 2202。

分　　布：广泛分布于阿坝州、凉山州、甘孜州各地。

讨　　论：毛钉菇在四川多地市场上都可见到，但部分人群食用后会产生恶心和胃部不适感，应尽量避免食用。

东方钉菇　*Gomphus orientalis* R.H. Petersen & M. Zang

俗　　名：马蹄菌、喇叭菌、羊耳朵、马耳朵

形态特征：担子果散生或单生，较大。高5～12cm，直径4.5～8cm，顶端近平展或凹陷，被鳞片，紫褐色至浅黄褐色。子实层体紫灰色，呈脊纹状。菌柄向下渐细。菌肉白色。担孢子椭圆形，无色，被疣突，11～14×5～6μm。

生　　境：高山栎林或高山栎与冷杉混交林。

引证标本：四川小金县美沣乡，2014年9月4日，何晓兰SAAS 2065。

分　　布：九寨沟县、木里县、小金县、理县、九龙县等地。

讨　　论：东方钉菇为树木外生菌根菌，可食用。该种在四川甘孜州、阿坝州和凉山州都较常见，部分民众采食；在阿坝州理县、小金县等地市场上销售量较大。也有报道认为它对部分人群有毒，不建议食用（陈作红等，2016）。

三、牛肝菌类

白牛肝菌　*Boletus bainiugan* Dentinger

俗　　名：美味牛肝菌、大脚菇、白大脚菇。

形态特征：子实体较大，菌盖直径6～15cm，半球形，后期稍平展，黄褐色至褐色。菌管在菌柄周围凹陷；管口白色至淡黄色，伤不变色。菌柄长6～12cm，直径1.5～4cm，近圆柱形，实心；表面具明显网纹。菌肉白色，受伤后不变色。担孢子长椭圆形，光滑，淡黄色，11～13.5×4～5μm。

生　　境：生于壳斗科植物与松树混交林地上。

引证标本：达州市万源县，2015年6月30日，何晓兰SAAS 1157。

分　　布：攀枝花市、米易县、会理县、通江县、达州市等地。

讨　　论：西南地区俗称为美味牛肝的这一类此前都被鉴定为美味牛肝菌*Boletus edulis*，但新近的一些研究表明，西南地区这一类食用牛肝菌与欧洲的美味牛肝菌存在差异（Cui et al., 2016; Dentinger and Suz，2014; Feng et al., 2012）。Dentinger(2013)在产自中国的一袋牛肝菌干片中发现并描述了三个新种，即*B. bainiugan*、*B. meiweiniuganjun*和*B. shiyong*。基于形态学和分子生物学证据，Cui等(2016)认为*B. bainiugan*和*B. meiweiniuganjun*没有差异，故将*B. meiweiniuganjun*作为*B. bainiugan*的异名来处理。该物种分布范围较广，较为常见，但形态变异较大，四川境内主要分布在攀西地区和秦巴山区。

食用牛肝菌 *Boletus shiyong* Dentinger

俗　　名：美味牛肝菌、大脚菇、白大脚菇

形态特征：子实体较大，菌盖直径6～15cm，半球形，表面多凹凸不平，有绒质感，黄褐色至褐色。菌管在菌柄周围凹陷；管口初期白色或略呈淡黄色，成熟后颜色稍深，伤不变色。菌柄长6～12cm，直径1.5～4cm，近圆柱形，实心；表面具明显网纹。菌肉白色，受伤后不变色。担孢子长椭圆形，光滑，淡黄色，11～15×4～6μm。

生　　境：生于栎树与松树混交林地上。

引证标本：阿坝州汶川县耿达乡农贸市场，2020年7月31日，何晓兰SAAS 3809。

分　　布：康定市、汶川县、木里县等地。

讨　　论：该种主要分布在亚高山松树与栎树混交林中或冷杉林中，天然产量较大。它与在攀西地区和秦巴山区野生菌市场上常见的另一个近缘种白牛肝*B. bainiugan* 都被称为“大脚菇”或“美味牛肝菌”，其形态也较为相似，但白牛肝主要分布在亚热带地区针叶林或壳斗科林中。

先前文献中该类标本多被鉴定为美味牛肝菌*Boletus edulis*，但据近几年的研究表明，西南地区并无真正的美味牛肝菌。在西南地区针叶林中中华美味牛肝菌*B. sinoedulis* B. Feng, Y.Y. Cui, J.P. Xu & Zhu L. Yang也较常见（Cui et al., 2016），但在康定和汶川等地收集到的样品与*B. shiyong*的模式序列无差异。

假小美黄肉牛肝菌 *Butyriboletus pseudospeciosus* Kuan Zhao & Zhu L. Yang

俗　　名：黄见手青、黄见水、黄葱

形态特征：菌盖直径4～15cm，半球形至近平展，灰色、浅褐色至橄榄褐色，有时呈浅黄褐色或带紫红色色调。菌管直生，黄色；管口鲜黄色，受伤后迅速变深蓝色。菌柄长5～11cm，直径1～3cm，被网纹，黄色，近菌柄基部紫红色，实心，圆柱形或略呈棒状，受伤后变深蓝色。菌肉黄色，受伤后迅速变深蓝色，后逐渐恢复本色或仅余很浅的蓝灰色印迹。担孢子梭形，光滑，浅黄褐色，9.5～14×4～6μm。

生　　境：生于松树林或针阔混交林地上。

引证标本：西昌市农贸市场，2020年7月14日，何晓兰SAAS 3643。

分　　布：西昌市、昭觉县、德昌县、会理县等地。

讨　　论：假小美黄肉牛肝菌产量较大，是凉山州较为常见的食用牛肝菌之一。其菌肉较紧实，口感较脆。

玫黄黄肉牛肝菌 *Butyriboletus roseoflavus* (Hai B. Li & Hai L. Wei) D. Arora & J.L. Frank

俗　　名：白葱、葱菌

形态特征：菌盖直径3.5～9cm，半球形至近平展，幼时玫红色，成熟后颜色稍浅，有时呈污黄色。菌管近离生，黄色；管口黄色，受伤后变蓝色。菌柄长3～7cm，直径1～2.5cm，被网纹，黄色，实心，圆柱形或略呈棒状。菌肉黄色，受伤后变蓝色。担孢子梭形，光滑，浅黄褐色，9.5～12×3.5～4μm。

生　　境：生于松树林或针阔混交林地上。

引证标本：攀枝花米易县野生菌市场，2017年7月4日，何晓兰SAAS 2825。

分　　布：米易县、会理县、会东县、冕宁县、西昌市、攀枝花市等地。

讨　　论：玫黄黄肉牛肝菌主要见于攀西地区，产量较大，口感脆嫩。它与红葱（兰茂牛肝菌）一样，都深受当地老百姓喜爱，且其价格也远远高于在欧洲市场上深受欢迎的白牛肝菌。攀西市场上较多商贩大量收购该种发往云南。

该种最初被置于*Boletus* sect. *Appendiculati*中，即*Boletus roseoflavus*（Li et al., 2013），但传统的牛肝菌属并非单系类群，近年来许多属从中独立出来（Wu et al., 2014）。基于形态学和分子系统学证据，Arora & Frank（2014）将sect. *Appendiculati*作为一个独立的属，即*Butyriboletus*。

彝族黄肉牛肝菌 *Butyriboletus yicibus* D. Arora & J.L. Frank

俗　　名：黄牛肝

形态特征：菌盖直径5～10cm，幼时扁半球形，成熟后稍展开，黄褐色至褐色，有时呈橄榄褐色。菌管近离生，浅黄色；管口浅黄色至黄色，受伤后变蓝色后恢复本色。菌柄长4～8cm，直径1.5～3cm，被明显网纹，粉红色至玫粉色，实心，由上向下渐粗。菌肉浅黄色，切开后慢慢变蓝色后恢复本色。担孢子梭形，光滑，浅黄褐色，12～15×4～5μm。

生　　境：生于针叶林地上。

引证标本：甘孜州康定市市场，2020年8月7日，何晓兰SAAS 3756。

分　　布：康定市。

讨　　论：彝族黄肉牛肝菌在康定市场上较常见，产量较大。该种菌盖颜色较深，与攀西地区常见的玫黄黄肉牛肝菌区别明显。

绒盖美柄牛肝菌 *Caloboletus panniformis* (Taneyama & Har. Takah.) Vizzini

俗　　名：白牛肝

形态特征：菌盖直径5～10cm，半球形至扁半球形，浅褐色至褐色，被绒毛状褐色鳞片，鳞片颜色较盖面颜色稍深。菌管在菌柄周围凹陷，浅黄色；管口浅黄色至黄色，伤变蓝色后恢复本色。菌柄长5～9cm，直径1.5～2.5cm，近圆柱形，有时基部稍膨大，实心，菌柄顶端黄色，向下呈玫红色。菌肉浅黄色，切开变蓝色后逐渐恢复本色。担孢子梭形，光滑，12～14×4.5～5.5μm。

生　　境：生于针叶林中地上。

引证标本：甘孜州康定市市场，2020年8月7日，何晓兰SAAS 3757。

分　　布：康定市。

讨　　论：该种在康定市场上可见。

绿盖裘氏牛肝菌 *Chiua virens* (W.F. Qiu) Y.C. Li & Zhu L. Yang

俗　　名： 小黄菌、黄牛肝

形态特征： 菌盖直径3～7cm，幼时近扁半球形，成熟后渐平展，黄绿色或橄榄色带黄色。菌管在菌柄周围凹陷；管口浅粉色，近圆形。菌柄长3.5～6cm，直径0.8～2cm，淡黄色带青色，基部金黄色，实心。菌肉淡黄色，伤不变色。担孢子椭圆形，光滑，11～14×5.5～6μm。

生　　境： 生于松树与栎树混交林地上。

引证标本： 攀枝花市场，2017年8月15日，何晓兰SAAS 2849。

分　　布： 攀枝花、米易、会理等地。

讨　　论： 有文献报道该菌有毒，但该菌在攀枝花、会理等地市场上较常见到，当地人广泛采食。

绿盖裘氏牛肝菌原来隶属于粉孢牛肝菌属*Tylopilus*，但最近的分子系统学和形态学研究表明（Wu et al., 2016b），该物种应置于一个独立的属，即裘氏牛肝菌属*Chiua*。

138 高脚葱海氏牛肝菌 *Heimioporus gaojiaocong* N.K. Zeng & Zhu L. Yang

俗　　名：和尚帽、红袜子、高脚葱

形态特征：菌盖直径4～9cm，幼时扁半球形，成熟后稍平展，玫红色至红褐色。菌管在菌柄周围凹陷；管口黄色或带绿色色调，无明显伤变色。菌柄长5～12cm，直径1～2cm，近圆柱形，顶部黄色，中下部红色，被明显网纹，基部略膨大，实心。菌肉淡黄色，伤不变色。担孢子宽椭圆形，具不规则网纹，浅褐色，15.5～19×9.5～12.5μm。

生　　境：生于针阔混交林地上。

引证标本：攀枝花市米易县，2017年7月4日，何晓兰SAAS 2881。

分　　布：攀枝花市、米易县、会理县、德昌县等地。

讨　　论：高脚葱海氏牛肝菌在攀西地区市场上比较常见，云南当地人也采食该种。在云南市场上售卖的这类海氏牛肝菌曾被鉴定为网孢海氏牛肝菌*H. retisporus* (Pat. & C.F. Baker) E. Horak，但后者有毒，不能食用（王向华等，2004；Zeng et al., 2018）。

兰茂牛肝菌 *Lanmaoa asiatica* G.Wu & Zh. L. Yang

俗　　名：红葱

形态特征：菌盖直径4～10cm，半球形至稍平展，玫红色至红色，受伤后变暗褐色，光滑，不黏。菌管弯生，黄色；管口鲜黄色，受伤后迅速变深蓝色。菌柄长5～10cm，直径1～2.5cm，近圆柱形或棒状，实心，上部鲜黄色，下部与菌盖同色或稍浅，伤变蓝色。菌肉浅黄色，伤变蓝色。担孢子梭形或长椭圆形，淡黄褐色，光滑，9～12×4～6μm。

生　　境：生于松树林、或松树与栎树混交林地上。

引证标本：攀枝花市米易县市场，2017年7月4日，何晓兰SAAS 2796。

分　　布：米易县、会理县、会东县、西昌市、攀枝花市等地。

讨　　论：该菌味道鲜美，脆嫩。在攀西地区市场上较常见，是当地重要的野生食用种类之一，产量较大。当地老百姓比较偏好食用该菌，其售价比白牛肝菌高出一倍左右。

攀西地区和云南一样，都将兰茂牛肝菌称为“红葱”，市场上也有许多商贩大量收购该种发往云南市场，在云南其售价比攀西地区几乎高出一倍。

橙黄疣柄牛肝菌 *Leccinum aurantiacum* (Bull.) Gray

俗　　名： 黑大脚菇、大脚菇、美味牛肝菌

形态特征： 菌盖直径5～12cm，半球形，橙黄色至橙红色，有时呈土黄色或浅黄褐色，近光滑。菌管直生，污白色；管口圆形，每毫米约2个，污白色。菌柄长4～9cm，直径1.5 ～2.5cm，近圆柱形，有时基部膨大，实心，污白色，密被黑褐色颗粒状附属物。菌肉厚，白色，伤变蓝色或蓝灰色。担孢子长椭圆形或近纺锤形，光滑，淡褐色，12.5～16.5×4.5～5μm。

生　　境： 生于高山栎与松树混交林或高山栎与桦树林地上。

引证标本： 康定市木格措，2015年8月4日，何晓兰SAAS 1236。

分　　布： 康定市、泸定县、道孚县、西昌市等地。

讨　　论： 橙黄疣柄牛肝菌是一种较常见的野生食用菌，口感较好，在四川许多地区都有分布，在甘孜州野生菌市场上极其常见，产量很大，其他区域也有少量上市。在欧洲人们也采食该物种。此前，生长在杨树林和栎树林中的橙黄疣柄牛肝菌被划分为两个不同的种：杨树林中更偏橙色的标本为“橙黄疣柄牛肝菌*L. aurantiacum*”，而栎树林中颜色稍深的为“栎疣柄牛肝菌*L. quercinum*”。但形态学和分子生物学研究结果表明，生于杨树林中和栎树林中的“橙黄疣柄牛肝菌”并无差异（Den Bakker et al., 2004; Den Bakker and Noordeloos，2005）。

茶褐新牛肝菌　*Neoboletus brunneissimus* (W.F. Chiu) Gelardi, Simonini & Vizzini

俗　　名：见手青、黑见手青、大脚菇、黑牛肝、荞巴菌

形态特征：菌盖直径3～8cm，半球形，表面被细绒毛，黄褐色至褐色，伤后变深蓝色至近黑色。菌管在菌柄处略凹陷；管口浅黄褐色带红色色调。菌柄长4.5～8cm，直径1～2cm，细棒状，上部污黄色至浅黄褐色，下部颜色较深，表面被浅黄褐色麻点，基部稍膨大。菌肉厚1～2cm，浅黄褐色，伤变蓝色，最后呈褐色。担孢子长椭圆形或近梭形，光滑，浅黄褐色，11～14×4.5～5.5μm。

生　　境：生于针阔混交林地上。

引证标本：攀枝花米易县仙山，2017年7月4日，何晓兰SAAS 2879。

分　　布：米易县、会理县等地。

讨　　论：该种在攀西地区市场上较为常见，天然产量较大。Wu等(2014, 2016a)将该种置于新牛肝菌属*Neoboletus*中，其随后的研究（Wu et al., 2016b）表明，新牛肝菌属（Gelardi et al., 2014）与较早描述的异色牛肝菌属*Sutorius*（Halling et al., 2012）并无差异，并将新牛肝菌属作为异色牛肝菌属的异名来处理，因此该种也被转移至异色牛肝菌属。但Chai等（2019)基于分子系统学分析的最新结果表明，新牛肝菌属与异色牛肝菌属应是两个不同的属。

黄新牛肝菌 *Neoboletus flavidus* (G. Wu & Zhu L. Yang) N.K. Zeng, H. Chai & Zhi Q. Liang

俗　　名：红牛肝、见手青

形态特征：菌盖直径5～10cm，幼时半球形，成熟后近平展，深红色、血红色，盖面呈细绒状，表面不黏。菌管在菌柄处凹陷；管口鲜黄色，受伤后迅速变深蓝色。菌柄长5～9cm，粗1～2.5cm，菌柄上部黄色，下部带紫红色，圆柱形或基部稍膨大，实心，伤变蓝色。菌肉黄色，切开后迅速变深蓝色。担孢子椭圆形，光滑，淡黄褐色，10～13×4～5μm。

生　　境：针阔混交林地上。

引证标本：德昌县野生菌市场，2020年7月17日，何晓兰SAAS 3646。

分　　布：西昌市、德昌县等地。

讨　　论：该种在西昌市周边、德昌县等地常见，产量较大。

华丽新牛肝菌　*Neoboletus magnificus* (W.F. Chiu) Gelardi, Simonini & Vizzini

俗　　名：见手青、红见手青

形态特征：菌盖直径5～13cm，幼时半球形，玫红色，具细小绒毛，表面不黏，受伤后变蓝色，后呈褐色。菌管直生；管口红色，伤变蓝色。菌柄长5～10cm，粗2～4cm，菌柄上部黄色，下部浅玫红色，圆柱形或基部稍膨大，伤变蓝色。菌肉白色，伤变蓝色。担孢子椭圆形，光滑，淡黄褐色，10～12×4.5～5.5μm。

生　　境：针阔混交林地上。

引证标本：米易县野生菌市场，2017年7月4日，何晓兰SAAS 2718。

分　　布：会理县、攀枝花市、西昌市等地。

讨　　论：华丽新牛肝菌子实体较大，生食有神经性毒性，可致幻，煮熟后可食用（陈作红等，2016）。该种在攀西地区市场上较常见，产量较大，当地百姓喜食。

暗褐脉柄牛肝菌 *Phlebopus portentosus* (Berk. & Broome) Boedijn

俗　　名：黑牛肝

形态特征：菌盖直径4～7cm，半球形，成熟后近平展，表面光滑，橄榄褐色至黑褐色。菌管直生；管口污黄色至黄褐色。菌柄长5～9cm，直径1.5～4.5cm，近圆柱形至棒状，往往基部膨大。菌肉松软，海绵质，淡黄色。担孢子卵圆形，光滑，浅黄褐色，6.5～8.5×5.5～7.5μm。

生　　境：生于枇杷树林下地上。

引证标本：攀枝花市野生菌市场，2020年8月19日，何晓兰SAAS 3915。

分　　布：攀枝花市。

讨　　论：该种可食用，在攀枝花等地市场上可见到，国内云南等地已有人工栽培。

云南褶孔牛肝菌 *Phylloporus yunnanensis* N.K. Zeng, Zhu L. Yang & L.P. Tang

俗　　名： 鸡油菌、南瓜菌

形态特征： 菌盖直径4～7cm，成熟后近平展或中部下凹，被肉褐色鳞片。菌褶黄色，短延生，伤变蓝色。菌柄长3～6cm，直径0.5～1cm，圆柱状，黄色，被细小红褐色鳞片。担孢子长椭圆形，光滑，淡黄色，9.5～12×4～5μm。

生　　境： 栎树与松树混交林地上。

引证标本： 攀枝花市盐边县和爱乡，2017年8月16日，何晓兰SAAS 2779”改为“凉山州会理县市场，2020年7月17日，何晓兰SAAS 3594。

分　　布： 西昌市、会理县、盐边县等地。

讨　　论： 该种在攀西地区多处市场上都可见到，但通常量不大。经形态学和ITS序列分析表明：攀西地区市场上售卖的褶孔牛肝菌大多数为云南褶孔牛肝菌，掺杂了少数的褐盖褶孔牛肝菌*P. brunneiceps* N.K. Zeng, Zhu L. Yang & L.P. Tang。

暗褐网柄牛肝菌 *Retiboletus fuscus* (Hongo) N.K. Zeng & Zhu L. Yang

俗　　名： 黑牛肝、黑葱、荞巴菌

形态特征： 菌盖直径4～8cm，半球形至近平展，浅黄褐色至灰褐色。菌管直生；管口灰白色至米黄色，受伤后变褐色。菌柄长4～9cm，直径1～2.5cm，近圆柱形，实心，污黄色或浅黄褐色，具明显灰褐色至黑褐色网纹。担孢子椭圆形，黄褐色，光滑，10～12×3.5～4.5μm。

生　　境： 生于壳斗科与松树混交林地上。

引证标本： 攀枝花市野生菌市场，2017年8月15日，何晓兰SAAS 2798。

分　　布： 会理县、攀枝花市等地。

讨　　论： 暗褐网柄牛肝菌在攀西地区市场上较为常见，产量较大。收集自攀西地区市场上的该类标本与暗褐网柄牛肝菌的形态特征和DNA序列都无差异，故将其确定为该种。该种最早是作为*Boletus griseus*的变种，即*B. griseus* var. *fuscus* Hongo (Hongo，1974)，但Zeng等（2016)基于形态学和分子系统学的研究结果表明，*B. griseus* var. *fuscus*是网柄牛肝菌属中一个独立的物种，即*R. fuscus*，与*R. griseus*存在明显差异。

国内已报道网柄牛肝菌属9个种，其中大多数都可食用，并在市场上销售（Zeng et al., 2016）。

考夫曼网柄牛肝菌　*Retiboletus kauffmanii* (Lohwag) N.K. Zeng & Zhu L. Yang

俗　　名：黄牛肝

形态特征：菌盖直径5～11cm，半球形至近平展，幼时灰色至灰褐色，成熟后污黄色至黄褐色。菌管直生；管口黄色，受伤后变褐色。菌柄长5～10cm，直径1～2.5cm，近圆柱形，实心，黄色或污黄色，具明显浅褐色网纹。担孢子椭圆形，黄褐色，光滑，9.5～12×4～5μm。

生　　境：生于栎树与松树混交林中地上。

引证标本：凉山州昭觉县附近，2019年7月12日，王迪SAAS 2991。

分　　布：西昌市、昭觉县等地。

讨　　论：该种在四川凉山州较常见，当地百姓广泛采食并售卖。此前该种多被鉴定为*R. ornatipes* (Peck) Manfr. Binder & Bresinsky或*R. retipes* (Berk. & M.A. Curtis) Manfr. Binder & Bresinsky (卯晓岚，1998；王向华等，2004; 臧穆，2006)，但Zeng等（2016）对考夫曼网柄牛肝菌模式标本的形态学研究和DNA序列分析结果表明，在西南地区广泛采食的这类牛肝菌应为考夫曼网柄牛肝菌。

可食红孔牛肝菌 *Rubroboletus esculentus* Kuan Zhao, Hui M. Shao & Zhu L. Yang

俗　　名： 红牛肝

形态特征： 菌盖直径7～12cm，幼时半球形，成熟后稍平展，鲜红色至枣红色，光滑。菌管直生；管口角形，红色，伤变蓝色。菌柄长7～10cm，直径2～3cm，黄色，被红色颗粒，成熟后略呈蛇纹状，伤变蓝色，实心，基部常膨大。菌肉黄色，切开后迅速变蓝色，后恢复本色或仅余极浅的蓝色印迹。担孢子椭圆形，光滑，近无色，10.5～13×5.5～6.5μm。

生　　境： 生于高山栎林地上。

引证标本： 阿坝州小金县美沃乡，2020年8月1日，何晓兰SAAS 3801。

分　　布： 小金县等地。

讨　　论： 可食红孔牛肝菌子实体较大，肉质厚实紧致。该种在小金县市场上较常见，但多是个别子实体与其他野生菌混在一起售卖。目前红孔牛肝菌属在中国已知有3个种，除可食红孔牛肝菌外，还有宽孢红孔牛肝菌*R. latisporus* Kuan Zhao & Zhu L. Yang和中华红孔牛肝菌*R. sinicus* (W.F. Chiu) Kuan Zhao et Zhu L. Yang。可食红孔牛肝菌模式标本采自四川小金县，据报道在都江堰等地市场上可见到该种售卖（Zhao and Shao，2017）；宽孢红孔牛肝菌也可食用，在川东多地市场上可见售卖。

褐孔皱盖牛肝菌 *Rugiboletus brunneiporus* G. Wu & Zhu L. Yang

俗　　名：老虎菌

形态特征：菌盖直径6～13cm，半球形，黄褐色、紫红褐色至褐色，盖面多褶皱。菌管黄色，近离生；管口淡黄褐色。菌柄长3～7cm，直径2～3.5cm，圆柱形，实心，污黄色，被紫褐色或暗褐色颗粒状小点。菌肉黄白色，淡黄色。担孢子浅黄褐色，椭圆形，光滑，无色，10～12×3.5～4.5μm。

生　　境：生于冷杉和栎树混交林地上。

引证标本：九龙县兴龙集贸市场，2019年9月13日，何晓兰SAAS 3354。

分　　布：九龙县、康定市等地。

讨　　论：该种与远东皱盖牛肝菌*R. extremiorientalis* 形态上极为相似，但该种管面颜色较深，且通常分布在亚高山针叶林或混交林中（Wu et al., 2016a）。该种天然产量较远东皱盖牛肝菌少很多，市场上销售量不大。

远东皱盖牛肝菌 *Rugiboletus extremiorientalis* (Lj. N. Vassiljeva) G. Wu & Zhu L. Yang

俗　　名：黄香棒、老虎菌

形态特征：菌盖直径4～10cm，扁半球形，土褐色、黄褐色，表面多褶皱，成熟后盖面龟裂，露出黄白色菌肉。菌管黄色，近离生；管口黄色。菌柄长5～10cm，直径1.5～3cm，圆柱形，实心，黄色，被红褐色颗粒。菌肉黄白色，淡黄色。担孢子椭圆形，浅黄褐色，光滑，10.5～13.5×3.5～5.0μm。

生　　境：生于松树和栎树混交林地上。

引证标本：冕宁县路边，2017年7月3日，何晓兰SAAS 2831。

分　　布：米易县、会理县、会东县、冕宁县、北川县等。

讨　　论：远东皱盖牛肝菌在攀西地区和北川等地市场较为常见，产量较大，但大多被收购销售至外地；在川东地区野生菌市场上也可见到，但产量较小。长期以来，该种被置于疣柄牛肝菌属*Leccinum*中。但新近的形态学和分子系统学研究表明，远东皱盖牛肝菌及其近缘种应属于另一个独立的属，即皱盖牛肝菌属（Wu et al., 2016a）。该属特征明显，菌盖明显褶皱，菌盖黄色，菌柄上有明显的颗粒。远东皱盖牛肝菌菌肉伤变褐色，可与疣柄牛肝菌属的物种区分开来。

高山乳牛肝菌　*Suillus alpinus* X.F. Shi & P.G. Liu

俗　　名：乳牛肝菌

形态特征：菌盖直径3.5～6cm，幼时半球形，成熟后渐平展，浅黄褐色至淡红褐色，黏，被纤毛。菌管延生；管口污黄色至淡黄褐色，不规则形或多角形，呈放射状排列。菌柄长2.5～5cm，直径0.6～1cm，圆柱形，实心，光滑，上部黄色，下部带红色色调。担孢子椭圆形，浅黄褐色，光滑，8～10×3.5～4.5μm。

生　　境：分布于高山针叶林中。

引证标本：理县毕棚沟，2015年8月23日，王迪SAAS 1637。

分　　布：马尔康市、理县等地。

讨　　论：该种在理县等地路边可见售卖，但往往混杂有乳牛肝菌属其他不同的物种。

152 黏盖乳牛肝菌 *Suillus bovinus* (L.) Roussel

俗　　名：蜂窝菌、荞面芭

形态特征：菌盖直径3.5～6cm，幼时半球形，成熟后渐平展，浅黄褐色至肉褐色，盖面光滑，湿时黏。菌管延生；管口淡黄褐色，不规则形或多角形，呈放射状排列。菌柄长2.5～5cm，直径0.6～1cm，圆柱形，光滑，与菌盖同色。担孢子椭圆形，光滑，浅黄褐色，7.5～9×3.5～4μm。

生　　境：生于松树林地上。

引证标本：达州市青宁乡长梯村，2016年9月28日，何晓兰SAAS 2543。

分　　布：达州市、万源县、西昌市、会理县等地。

讨　　论：该种在攀西地区市场上较为常见，当地也有较多以其为原材料的盐渍菇售卖；川东地区也有部分民众采食该物种。但也有部分人群食用该种后会引起腹泻（陈作红等，2016）。

点柄乳牛肝菌　*Suillus granulatus* (L.) Roussel

俗　　名：滑肚子

形态特征：菌盖直径4～8cm，幼时半球形，成熟后渐平展，米黄色至肉褐色，湿时黏。菌管延生；管口黄色至淡黄褐色，不规则形或多角形。菌柄长3～5.5cm，直径0.7～1.5cm，圆柱形，实心，米黄色，比菌盖颜色稍浅，菌柄上有明显浅褐色小点。担孢子长椭圆形，光滑，浅黄褐色，7～8.5×3.5～4μm。

生　　境：松树与栎树混交林下。

引证标本：凉山州昭觉县附近，2019年7月12日，王迪SAAS 3101。

分　　布：西昌市、昭觉县、会理县等地。

讨　　论：该种分布较广，天然产量较大，在凉山州西昌及昭觉一带市场上较常见，但在其他地区却较少采食。因部分人群食用后可能会产生腹泻的症状，有些民众称其为“滑肚子”。

厚环乳牛肝菌 *Suillus grevillei* (Klotzsch) Singer

俗　　名：红牛肝、松毛菌

形态特征：菌盖直径3～6cm，幼时半球形，成熟后渐平展，砖红色至栗褐色，光滑，黏。菌管直生；管口幼时橙黄色，成熟后淡黄褐色，管口不规则形或多角形。菌柄长3.5～7cm，直径0.6～1.8cm，近圆柱形，顶端有网纹，带黄色和红色色调，比菌盖颜色浅。菌环生菌柄上部，厚，有时脱落。菌肉浅黄色。担孢子椭圆形，光滑，8～9.5×3～4.5μm。

生　　境：生于松树林地上。

引证标本：凉山州昭觉县附近，2019年7月12日，王迪SAAS 3031。

分　　布：昭觉县、西昌市、泸定县等地。

讨　　论：厚环乳牛肝菌是凉山州西昌市和昭觉县一带较常见到售卖的一种野生食用菌，其野生产量较大，鲜品、干品或盐渍菇等形式都有销售。在甘孜州泸定等地也有该种的干品售卖。

厚环乳牛肝菌也常用于接种苗木，形成菌根苗，提高造林成活率。

浅灰乳牛肝菌　*Suillus grisellus* (Peck) Kretzer & T.D. Bruns

俗　　名：荞巴菌

形态特征：菌盖直径4～7cm，幼时近半球形，成熟后近平展，土黄色至淡黄褐色，表面光滑，湿时黏。菌管短延生；管口污白色至浅灰色，伤变浅灰蓝色。菌柄长3～6cm，直径0.7～1.6cm，近圆柱形，实心，菌柄上部污白色，具网纹，基部带黄色色调，有时稍膨大。菌肉污白色，伤变浅灰蓝色。担孢子椭圆形，光滑，淡黄褐色，9.5～11.5×4～6μm。

生　　境：生于松树林地上。

引证标本：理县米亚罗镇，2014年9月6日，何晓兰SAAS 2316。

分　　布：马尔康市、理县等地。

讨　　论：该种菌肉较厚，子实体呈浅灰色，与凉山州等地大量售卖的点柄乳牛肝菌或黏盖乳牛肝菌存在明显的差异。

近缘虎皮乳牛肝菌 *Suillus phylopictus* Rong Zhang, X.F. Shi, P.G. Liu & G.M. Muell.

俗　　名：红牛肝、松毛菌

形态特征：菌盖直径6～12cm，幼时扁半球形，成熟后渐平展，表面浅黄褐色，密被浅红褐色至锈红绒毛状鳞片，成熟后红色逐渐褪去，仅余淡淡的玫红色印迹，菌盖边缘有悬垂的菌幕残片，表面不黏。菌管直生；管口黄色，成熟后颜色稍深，多角形，辐射状排列。菌柄长5～9cm，直径0.6～1.5cm，近圆柱形，密被土黄色绒毛状鳞片，实心。菌环生菌柄上部，有时脱落。菌肉浅黄色。担孢子椭圆形，光滑，8～10×3～4.5μm。

生　　境：生于松树林地上。

引证标本：凉山州西昌市大箐乡，2020年7月15日，SAAS 3651。

分　　布：西昌市、昭觉县等地。

讨　　论：该种此前多被记载为虎皮小牛肝菌*Boletinus pictus* Peck或虎皮乳牛肝菌*S. pictus* (Peck) Kuntze，但Zhang等（2017）基于形态学和DNA序列分析结果表明，我国西南地区的“虎皮乳牛肝菌”与北美的存在差异，并将其正式命名为*Suillus phylopictus*。

该种在西昌市和昭觉县一带较常见，当地民众常采集后在路边售卖。

超群异色牛肝菌　*Sutorius eximius* (Peck) Halling, Nuhn & Osmundson

俗　　名： 羊肝菌

形态特征： 菌盖直径5～11cm，幼时半球形，成熟后稍平展，紫色、紫红色、铅紫色至紫褐色，具细小绒毛，表面不黏。菌管在菌柄处凹陷；管口幼时紫粉色，成熟后紫褐色，受伤后不变色。菌柄长5～10cm，粗1～2cm，浅紫色或浅紫灰色，密被紫褐色至褐色颗粒，圆柱形或基部稍膨大。菌肉白色至浅紫色，切开后不变色。担孢子椭圆形，光滑，淡黄褐色，9～12.5×4～6μm。

生　　境： 针阔混交林地上。

引证标本： 会理县野生菌市场，2020年7月17日，何晓兰SAAS 3940。

分　　布： 西昌市、会理县、德昌县等地。

讨　　论： 该种在攀西地区市场上较常见，但产量较茶褐新牛肝菌小很多，价格也较低。

邓氏牛肝菌 *Tengioboletus reticulatus* G. Wu & Zhu L. Yang

俗　　名：黄牛肝

形态特征：菌盖直径5～10cm，幼时半球形，成熟后近平展，表面被细绒毛，黄褐色至土褐色。菌管直生；管口幼时有一层白色菌丝包被，管口不可见，成熟后管口露出，鲜黄色。菌柄长4.5～8cm，直径1～2cm，黄色，表面被明显黄色网纹，近圆柱形，基部稍膨大。菌肉浅黄色，伤不变色。担孢子长椭圆形或近梭形，光滑，浅黄褐色，11～14×4.5～5.5μm。

生　　境：生于阔叶林或针阔混交林中地上。

引证标本：冕宁县路边，2017年7月3日，何晓兰SAAS 2794。

分　　布：冕宁县、西昌市等地。

讨　　论：该种在西昌、冕宁等地市场上可见售卖，但天然产量不大。

新苦粉孢牛肝菌　*Tylopilus neofelleus* Hongo

俗　　名： 白牛肝

形态特征： 菌盖直径5～10cm，半球形，成熟后稍展开，浅灰色或灰白色带紫色色调至紫色，有绒状质感。菌管直生；管口幼时白色，成熟后粉色带紫色色调。菌柄长4～7cm，直径1～3cm，圆柱形，向基部略粗，实心，与菌盖同色。菌肉白色，有时略带粉色色调，伤不变色，味道苦。担孢子长椭圆形，光滑，近无色，9～12×4～5μm。

生　　境： 生于针阔混交林地上。

引证标本： 凉山州昭觉县附近，2019年7月12日，王迪SAAS 3087。

分　　布： 昭觉县、冕宁县、会理县、攀枝花市等地。

讨　　论： 该种为外生菌根菌，在攀西地区野生菌市场极常见，产量较大。尽管粉孢牛肝菌属中很多物种吃起来都有苦味，许多学者也都认为该属物种不宜食用，但在攀西地区，新苦粉孢牛肝菌却是当地民众常采食和售卖的物种；在泰国，当地民众也常采食和售卖粉孢牛肝菌属的另一物种*T. griseipurpureus* (Corner) E. Horak（Aungaudchariya et al., 2012）。

Gelardi 等（2015)对采自中国的小孢粉孢牛肝菌*T. microsporus* S.Z. Fu, Q.B. Wang & Y.J. Yao标本和日本的新苦粉孢牛肝菌标本进行形态学观察和DNA序列分析后认为，小孢粉孢牛肝菌是新苦粉孢牛肝菌的晚出异名。新苦粉孢牛肝菌颜色变异较大，但DNA序列分析表明灰白色和紫色的这类标本代表的是同一个物种。《四川蕈菌》一书（袁明生和孙佩琼，1995）中记载的苦粉孢牛肝菌*T. felleus* (Bull.: Fr.) Karst.可能实质上是新苦粉孢牛肝菌。

四、珊瑚菌类、胶质菌类及腹菌类

黑木耳　*Auricularia heimuer* F. Wu, B.K. Cui & Y.C. Dai

俗　　名：耳子、木耳

形态特征：子实体单生或群生，新鲜时胶质，不透明，耳状或不规则形，无柄，直径可达10cm，红褐色至黑褐色；不孕面具白色短柔毛；子实层体光滑或略具褶皱。担孢子腊肠形，光滑，无色，11.5～13.5×5～6μm。

生　　境：生于栎树木桩上。

引证标本：冕宁县彝海风景区，2017年7月3日，何晓兰SAAS 2730。

分　　布：西昌市、冕宁县、攀枝花市、达州市等地。

讨　　论：黑木耳栽培历史悠久，是我国最重要的栽培食用菌之一，分布较广泛。长期以来，*A. auricularia-judae* (Bull.) Quél.被作为我国栽培黑木耳的拉丁学名广泛使用。但近年来的研究表明，中国栽培黑木耳与*A. auricularia-judae*存在明显差异，应作为一个独立的物种，并将其命名为黑木耳*A. heimuer* (Wu et al., 2014)。

黑木耳富含多糖胶体，可以降血糖、降血脂、防止血栓形成，预防脑血管疾病发生。但新鲜木耳含有一种卟啉的光感物质，敏感人群食用后在阳光照射下可能会引起皮肤瘙痒、水肿。

豆马勃 *Pisolithus arhizus* (Scop.) Rauschert

俗　　名：牛眼睛

形态特征：子实体直径3～7cm，近球形，土黄色或近黄褐色，基部鲜黄色，受伤后变黑褐色，表面近平滑。基部柄短，长0.5～1cm。切开后有彩色豆状物，孢子产于豆状物中。担孢子近球形，表面被刺突，褐色，5～7.5×4.5～6.5μm。

生　　境：生于针阔混交林地上。

引证标本：凉山州会理县市场，2020年7月18日，何晓兰SAAS 3777。

分　　布：攀枝花市、会理县、德昌县。

讨　　论：该种幼嫩时可食，成熟后药用，具有消炎止血等功效。

雪松枝瑚菌　*Ramaria cedretorum* (Maire) Malencon

俗　　名：刷把菌、扫把菌

形态特征：子实体高达15cm，基部白色，其余部分浅紫色，多次分枝呈扫帚状，顶部分枝短且较密，呈齿状。菌柄长3～5cm，直径3～6cm，粗壮，基部近白色，向上呈淡紫色，从基部分出4～6个主枝，主枝粗壮，浅紫色。菌肉厚实，白色。担孢子椭圆形，表面不光滑，8～12×5～6μm。

生　　境：生于针阔混交林地上。

引证标本：凉山州会理县小黑箐乡，2017年8月16日，何晓兰SAAS 2883。

分　　布：攀枝花市、西昌市、会理县等地。

讨　　论：该种在市场上较常见，尤其是在西昌地区，销售量较大，是市场上最为常见的枝瑚菌之一。

离生枝瑚菌 *Ramaria distinctissima* R.H. Petersen & M. Zang

俗　　名：刷把菌、扫把菌

形态特征：子实体高达15cm，多分枝呈扫帚状，分枝橙黄色至金黄色，顶端二叉状分枝。菌柄粗壮，橙黄色至金黄色。菌肉白色。担孢子椭圆形，被小疣突，11～14×5～6μm。

生　　境：生于针叶林中地上。

引证标本：阿坝州松潘县东北村，2015年8月21日，何晓兰SAAS 1141。

分　　布：理县、松潘县、稻城县等地。

讨　　论：该种在四川藏区较常见，当地民众采食，市场上可见售卖。

淡红枝瑚菌　*Ramaria hemirubella* R.H. Petersen & M. Zang

俗　　名：刷把菌、扫把菌

形态特征：子实体高达20cm，多分枝呈扫帚状，分枝较密，米白色至污黄色，紫红色至红褐色。菌柄粗壮，米白色至污黄色。菌肉白色。担孢子椭圆形，8～11.5×4.5～5.5μm。

生　　境：生于针阔混交林地上。

引证标本：攀枝花市野生菌市场，2017年8月15日，何晓兰SAAS 2749。

分　　布：攀枝花市、会理县、康定市、小金县等地。

讨　　论：该种是四川市场上最常见的枝瑚菌之一，产量较大。

淡紫枝瑚菌 *Ramaria pallidolilacina* P. Zhang & Z.W. Ge

俗　　名：刷把菌、扫把菌

形态特征：子实体高达15cm，多次分枝，奶油色至米黄色，小枝末端较钝，淡紫色。菌柄长3～6cm，粗2～4cm，奶油色至米黄色。菌肉白色。担孢子椭圆形，具小疣，10～12×5～6μm。

生　　境：生于针叶林中地上。

引证标本：小金县野生菌市场，2020年8月1日，何晓兰SAAS 3943。

分　　布：小金县、康定市等地。

讨　　论：该种在甘孜州和阿坝州市场上较常见，其主要特征为分枝顶端呈淡紫色。

红柄枝瑚菌　*Ramaria sanguinipes* R.H. Petersen & M. Zang

俗　　名：刷把菌、扫把菌

形态特征：子实体高达15cm，奶油色至米黄色，双叉分枝或多叉分枝，小枝末端较钝。菌柄长3～6cm，粗2～4cm，奶油色至米黄色，伤后或触摸后变紫红色至锈色。菌肉白色。担孢子椭圆形，具小疣，9～12×4～5.5μm。

生　　境：生于针阔混交林地上。

引证标本：攀枝花市野生菌市场，2017年8月15日，何晓兰SAAS 2739。

分　　布：攀枝花市、会理县等地。

讨　　论：该种常见于市场，其菌柄基部伤变色明显，但分枝受伤无明显变色。

松毛蛋须腹菌 *Rhizopogon songmaodan* R. Wang & Fu Q. Yu

俗　　名：鸡腰子、牛腰子

形态特征：子实体直径1.5～3 cm，不规则球状至球形，黄白色至浅黄褐色，伤变红色，表面近平滑。产孢组织海绵状，初期白色，逐渐变浅灰色至灰褐色，伤变红色。担孢子近椭圆形，光滑，无色，6.5～8.5 × 3～4μm。

生　　境：生于松树林中地上。

引证标本：凉山州木里县，2016年7月20日，何晓兰SAAS 2212。

分　　布：盐源县、木里县、会理县、会东县等地。

讨　　论：该种为松树外生菌根菌，半埋生于林下土中。在四川多地都采食该种，在凉山州市场上可见售卖，据称味道较好。这类真菌此前多被鉴定为红根须腹菌*Rhizopogon roseolus* (Corda) Th. Fr.，但Wang等（2020）研究结果表明，四川和云南市场上售卖的该类真菌与*R. roseolus*有明显差异，包括了至少两个物种，即鸡腰子须腹菌*R. jiyaozi*和松毛蛋须腹菌（Li et al., 2016；Wang et al., 2021）。笔者等在四川会东等地市场上收集到的须腹菌与松毛蛋须腹菌在形态及ITS上一致。

云南硬皮马勃　*Scleroderma yunnanense* Y. Wang

俗　　名： 牛眼睛

形态特征： 子实体直径2～8cm，近球形，土黄色或近黄褐色，表面近平滑至呈龟裂鳞片状。基部无柄，有假根状菌丝束。产孢组织幼时灰白色，成熟后紫黑色，破裂散放出孢子粉。担孢子近球形，表面被刺突，褐色，7.5～8.5μm。

生　　境： 生于针阔混交林中地上。

引证标本： 攀枝花市野生菌市场，2017年8月15日，何晓兰SAAS 2851。

分　　布： 米易县、攀枝花市、会理县等地。

讨　　论： 橙黄硬皮马勃是常见的树木外生菌根菌。该种未成熟时可食用，吃起来略带猪肝的味道，但部分人群食用后可能会引起肠胃不适或胃肠炎症状（陈作红等，2016）；成熟后孢子粉有消炎作用。云南硬皮马勃在四川攀西地区和云南市场上较常见，但市场上销售的该类真菌往往混杂了几个不同的物种。

五、多孔菌类

地花菌　*Albatrellus confluens* (Alb. & Schwein.) Kotl. & Pouzar

俗　　名：羊肝菌、大羊肝菌、虎掌菌

形态特征：菌盖宽5～10cm，扇形，肉粉色或浅橙黄色，光滑无鳞片。菌管延生，孔面白色或污白色；管口略圆形，多角形或不规则形。菌柄长2～4cm，直径1～2cm，偏生或侧生，与菌盖同色，实心。菌肉白色，厚达1cm。气味和味道不明显。担孢子宽椭圆形，光滑，无色，4～5×3～4μm。

生　　境：生于针阔混交林地上。

引证标本：凉山州会理县，2020年7月17日，何晓兰SAAS 3551。

分　　布：会理县、德昌县等地。

讨　　论：该种食药兼用，在德昌县等地市场上较常见，但量不大。

奇丝地花菌 *Albatrellus dispansus* (Lloyd) Canf. & Gilb.

俗　　名： 小羊肝菌、羊肝菌

形态特征： 菌盖宽5～8cm，不规则形，菌盖边缘明显波状至瓣裂，表面被鳞片，黄色、污黄色或橙黄色略带绿色色调。菌管延生，孔面白色，伤变浅黄褐色或浅橄榄色；管口圆形、多角形或不规则形。菌柄长1～2cm，直径0.6～1.2cm，偏生或侧生，与菌盖同色，实心。菌肉薄，较脆。担孢子宽椭圆形，光滑，无色，5.5～7.0×4.5～5.5μm。

生　　境： 生于针阔混交林地上。

引证标本： 凉山州德昌县市场，2020年7月18日，何晓兰SAAS 3670。

分　　布： 德昌县。

讨　　论： 奇丝地花菌食药兼用，市场上较常见。该种菌肉薄，但不像该属其他种菌肉那么韧。

大孢地花菌 *Albatrellus ellisii* (Berk.) Pouzar

俗　　名：牛舌扁、虎掌菌、黄虎掌、牛肚子菌

形态特征：菌盖宽6～15cm，扇形，黄色至浅黄褐色，密被鳞片。菌管延生，孔面淡黄色、淡黄褐色或浅褐色，伤变蓝绿色；管口圆形、多角形或不规则形。菌柄长2～3.5cm，直径1～2cm，偏生或侧生，与菌盖同色，实心。菌肉近白色，较韧。担孢子宽椭圆形，光滑，无色，7～8.5×5.5～6.5μm。

生　　境：生于针阔混交林地上。

引证标本：四川冕宁，2017年7月3日，何晓兰SAAS 2898。

分　　布：攀枝花市、会理县、冕宁县。

讨　　论：该种在冕宁县、会理县等野生菌市场上可见。食药兼用。地花菌属中多个物种都可食用，但该种菌肉较韧，尤其是老后口感不好。

蓝灰地花菌 *Albatrellus* sp.

俗　　名：羊肝菌

形态特征：菌盖宽6～15cm，蓝灰色至淡蓝紫色，有时带绿色色调，伤变黄褐色，光滑，中部略下凹，边缘不规则。菌管延生，孔面米黄色至浅粉色，伤变黄褐色；管口圆形或不规则形。菌柄长2～3.5cm，直径1～2cm，偏生，比菌盖颜色稍浅，实心。菌肉近白色，较韧。担孢子宽椭圆形，光滑，无色，4.0～5.0×3.5～4.5μm。

生　　境：生于针阔混交林中地上。

引证标本：凉山州德昌县市场，2020年7月16日，何晓兰SAAS 3565。

分　　布：德昌县。

讨　　论：地花菌属中多个物种都可食用。

亚牛舌菌 *Fistulina subhepatica* B.K. Cui & J. Song

俗　　名：灵芝

形态特征：菌盖宽7～20cm，扇形，新鲜时红色至血红色，表面黏。菌孔面乳白色至淡黄色，受伤后变为浅玫红色。菌柄短，长0.5～1cm，直径1～1.5cm，侧生，与菌盖同色，实心。菌肉淡玫红色，柔软。担孢子宽椭圆形，光滑，4～5.5×3～4μm。

生　　境：生于针阔混交林地上。

引证标本：西昌市大箐乡，2020年8月 日，何晓兰SAAS 3782。

分　　布：西昌市、会理县。

讨　　论：该种常见于西昌市周边野生菌市场，但通常只有三两个子实体售卖，量较少，当地人称其为“灵芝”。亚牛舌菌此前多被鉴定为牛舌菌*F. hepatica* (Schaeff.) With.，但后者孢子明显较小。

白肉灵芝 *Ganoderma leucocontextum* T.H. Li, W.Q. Deng, Dong M. Wang & H.P. Hu

俗　　名：西藏灵芝、白灵芝

形态特征：菌盖半圆形、扇形，宽达15cm，幼时黄色，成熟后红褐色。孔口表面白色，孔口近圆形或多角形，每毫米5～6个。菌柄侧生或偏生，圆柱形或稍扁，有时菌柄极短。菌肉白色。担孢子椭圆形，顶端平截，浅褐色，双层壁，内壁具小刺，10～11×5～7μm。

生　　境：生于壳斗科死树基部。

引证标本：理县米亚罗镇，2014年9月6日，何晓兰SAAS 1702。

分　　布：理县、康定市、马尔康市等地。

讨　　论：白肉灵芝是2015年发表的一个新种（Li et al., 2015），它与灵芝*G. lingzhi*的主要区别在于其菌肉为白色，主要分布在海拔较高的地区。该种在西藏等地价格较为昂贵，在四川康定、西藏林芝地区等地有栽培。

灵芝　*Ganoderma lingzhi* Sheng H. Wu, Y. Cao & Y.C. Dai

俗　　名： 赤芝

形态特征： 菌盖平展，宽达12cm，幼时黄色，成熟时黄褐色至红褐色。孔口表面幼时白色，成熟时黄白色或黄色，孔口近圆形或多角形，每毫米5～6个。菌柄长1～5cm，直径0.8～1.5cm，侧生或偏生，圆柱形或稍扁，有时菌柄极短。菌肉暗红褐色，味道较苦。担孢子椭圆形，顶端平截，浅褐色，双层壁，内壁具小刺，9～11×5～7.5μm。

生　　境： 生于栎树林中倒木、枯立木上或树根上。

引证标本： 万源县，2015年6月30日，何晓兰SAAS 1119。

分　　布： 达州市、万源县、攀枝花市、米易县、会理县等地。

讨　　论： 灵芝是中国传统的中药材，具有补气安神、止咳平喘等功效，用于多种疾病的辅助治疗。此前亮盖灵芝*G. lucidum*这个名称被广泛用于在中国广泛分布的与其形态相似的灵芝，但近年来形态学特征和DNA序列表明灵芝与亮盖灵芝存在明显差异，中国主要栽培灵芝物种的正确学名也应为*G. lingzhi* (Cao et al., 2012)；但也有学者认为中国主栽灵芝应为四川灵芝*G. sichuanense* J.D. Zhao & X.Q. Zhang (Wang et al., 2012)。

环纹硫磺菌 *Laetiporus zonatus* B.K. Cui & J. Song

俗　　名：鸡冠菌、红鸡冠

形态特征：子实体无柄，覆瓦状。菌盖外延达10cm，宽8～20cm，厚1～1.5cm，表面硫磺色至橙红色，有皱纹，有同心环带；边缘钝，波状，颜色较浅。孔口表面奶油色，干后褪色，孔口多角形，平均每毫米3～4个。菌肉白色至浅黄色，厚达3cm。担孢子椭圆形，光滑，无色，5.5～7.5×4.5～6.0μm。

生　　境：生于冷杉林中枯立木上。

引证标本：四川马尔康市市场，2013年7月23日，何晓兰SAAS 547。

分　　布：康定市、马尔康市、理县、木里县等地。

讨　　论：该种分布较广，较为常见，新鲜时可食用，质地较脆，它也被称为“树鸡蘑”（Chicken of the woods），但部分敏感人群食用后会恶心呕吐，甚至可能产生幻觉（陈作红等，2016）。

此前国内的硫磺菌属标本大都被鉴定为硫磺菌*L. sulphureus* (Bull.) Murrill，但近年来分子系统学研究表明，中国硫磺菌属至少包括了四个不同的物种（Song et al., 2014; Song et al., 2018）。从马尔康、木里等地市场上收集到的样品与环纹硫磺菌在形态及DNA序列上无差异。

该种为褐腐菌，造成木材褐色腐朽，甚至引起树木倒伏。

广叶绣球菌　*Sparassis latifolia* Y.C. Dai & Zheng Wang

俗　　名：猪苓菌

形态特征：子实体绣球状，直径可达35cm，叶片状多次分支，密集成丛，叶片光滑，边缘波状，较易碎，米白色至浅黄色，成熟后颜色较深。子实层体光滑。菌柄短，长2～3cm，直径1.5～2.5cm。菌肉白色。担孢子宽椭圆形，光滑，无色，4～5.5×3.5～4μm。

生　　境：生于针叶林中腐木桩基部。

引证标本：黑水县农贸市场，2017年9月4日，何晓兰SAAS 2951。

分　　布：黑水县、西昌市。

讨　　论：广叶绣球菌食药兼用，在中国、日本和韩国等地已实现工厂化栽培。早期许多研究者将该种鉴定为绣球菌*S. crispa* (Wulf.) Fr.，但Dai等(2006)发现该种形态特征和宿主植物均与绣球菌存在差异，并将其描述为广叶绣球菌。Zhao等(2012)依据形态学和DNA序列分析结果也证实广叶绣球菌与绣球菌存在明显差异。

该种在阿坝州和凉山州市场上可见。

六、齿菌类

迷惑拟牛肝菌　*Boletopsis perplexa* Watling & Jer. Milne

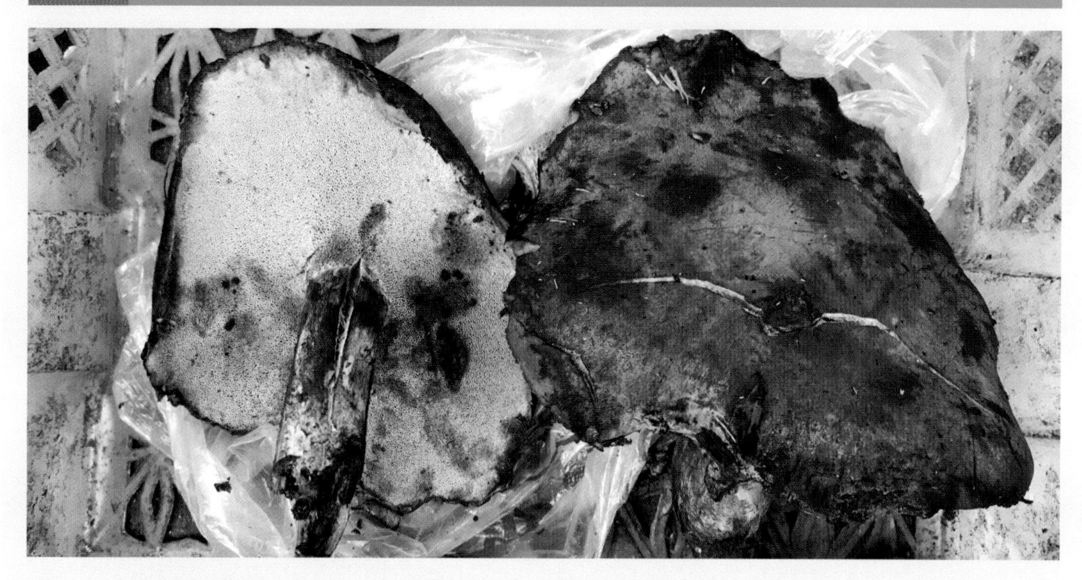

俗　　名：黑熊菌

形态特征：菌盖直径6～11cm，扁半球形至平展，表面光滑，灰白色至烟灰色，伤变蓝黑色至黑色。菌管污白色，孔面白色，伤变紫灰色至黑色；管口略圆形到多角形或不规则形，每毫米1～3个。菌柄长2～3.5cm，粗1～2cm，中生或偏生，圆柱形，实心，伤变蓝黑色至黑色。菌肉厚达10mm，污白色。担孢子不规则形，具瘤突，略呈淡褐色，4.5～6μm。

生　　境：生于高山针叶林地上。

引证标本：甘孜州九龙县野生菌市场，2017年9月8日，何晓兰SAAS 2764。

分　　布：九龙县、木里县等地。

讨　　论：该种为树木外生菌根菌，天然产量不大，在川西高原部分区域市场上可见销售。我国此前的文献中多将该种鉴定为灰黑拟牛肝菌*B. grisea* (Peck) Bondartsev & Singer或白黑拟牛肝孔菌*B. leucomelaena* (Pers.) Fayod (王向华等，2004；袁明生和孙佩琼，1995)。但DNA序列分析结果表明，收集自四川市场上的拟牛肝菌与Watling和Milne (2006)发表的*B. perplexa*差异极小，在从SAAS 2764标本克隆获得的5条ITS序列中，与*B. perplexa*模式标本的序列存在2～4个碱基差异。

该种形态上与牛肝菌相似，但分类学上它与齿菌亲缘关系更近。

珊瑚状猴头菌 *Hericium coralloides* (Scop.) Pers.

俗　　名：羊毛菌

形态特征：子实体直径可达40cm，珊瑚状，由菌柄基部发出数条主枝，再由每条主枝上生出下垂的长刺，刺柔软，肉质，长0.5～1.5cm，顶端尖锐；幼嫩时白色，成熟后或受伤后变浅褐色或浅红褐色。担孢子近球形，光滑，无色，4.0～5.5×4.0～4.5μm。

生　　境：生于针叶树腐木上。

引证标本：阿坝州理县市场，2020年8月4日，何晓兰SAAS 3753。

分　　布：马尔康市、理县、九寨沟县等地。

讨　　论：珊瑚状猴头菌是猴头菌属中常见的物种之一，现在已有人工栽培。该种在市场上不常见，因其野生数量稀少，价格往往较高。

猴头菌　*Hericium erinaceum* (Bull.) Pers.

俗　　名：猴头

形态特征：子实体直径5～15cm，呈块状，半球形或猴头形，肉质，幼时白色或米黄色，成熟后逐渐变为黄色或浅黄褐色。菌柄退化，无柄或略有短柄。菌刺密集下垂，覆盖整个子实体，菌刺近长锥形，刺长1～5cm，粗1～2mm。菌肉白色，略带苦味。担孢子卵圆形至近球形，表面光滑，透明无色，5～6.5×4～5.5μm。

生　　境：生于阔叶树活立木树干上。

引证标本：马尔康市市场，2017年7月27日，何晓兰SAAS 2972。

分　　布：冕宁县、马尔康市等地。

讨　　论：猴头菌是中国重要的商业化栽培物种之一，食药兼用，在亚洲备受欢迎，可用于胃溃疡、胃癌等辅助治疗，具有抑制肿瘤和提高机体免疫力的功效。目前以其为原料已开发出多种功能性保健食品或药品。

猴头菌在川西地区市场上可见售卖，但其野生数量较少，已被多个国家列入濒危物种红色名录。它可造成木材白色腐朽。

集生亚齿菌 *Hydnellum cumulatum* K. Harrison

俗　　名：假虎掌菌

形态特征：菌盖直径5～13cm，质地较韧，平展或不规则凹陷，多个菌盖常融合在一起，被细微绒毛，具同心环纹或褶皱，土黄色至土褐色，边缘颜色较浅。菌刺延生，密，浅灰色至浅褐色。菌柄短，长2～4cm，直径0.8～1.5cm，中生，与菌盖同色或稍浅。菌肉浅灰色。担孢子近球形，具疣突状网纹，浅褐色，4.0～5.0×3.5～4.5μm。

生　　境：生于冷杉、云杉林中地上。

引证标本：甘孜州道孚县八美镇路边，2017年9月6日，何晓兰SAAS 2923。

分　　布：道孚县、马尔康市等地。

讨　　论：该种子实体通常较大，菌肉较厚，但质地稍韧，甘孜州、阿坝州多地都采食并售卖该种，其售价往往要低于肉齿菌属真菌。

尤氏齿菌　*Hydnum jussii* Niskanen, Liimat. & Kytöv

俗　　名： 獐子菌

形态特征： 菌盖直径3～6cm，扁半球形至近平展，浅黄色至浅橙色，伤变浅红褐色，被极细微绒毛，边缘不规则。菌刺倒垂锥状，近延生，白色或奶油色，较密，直而脆。菌柄长3.5～5.5cm，直径0.7～1.4cm，多偏生，近圆柱形或细棒状，黄白色或与菌盖同色，伤变浅黄褐色，实心。菌肉白色，无明显味道。担孢子近球形，光滑，无色，7～8×6～7.5μm。

生　　境： 生于云杉和冷杉林地上。

引证标本： 阿坝州小金县市场，2020年7月31日，何晓兰 SAAS 3563。

分　　布： 小金县、金川县等地。

讨　　论： 该种在甘孜州和阿坝州分布较广，但相较于当地售卖的其他大宗野生食用菌，当地民众对该菌的认可度并不高，市场上售卖的量也较少。在小金市场上俗称的"獐子菌"特指*Hydnum*属真菌，而非翘鳞肉齿菌。

该种发表于2018年，模式标本采自芬兰（Niskanen et al., 2018），从小金县市场上所收集标本的ITS序列与*H. jussii*模式序列相似性达99%以上，但与四川攀西地区市场上售卖的*Hydnum*差异较大。

186 韦氏齿菌 *Hydnum vesterholtii* Olariaga, Grebenc, Salcedo & M.P. Martín

俗　　名：獐子菌

形态特征：菌盖直径3～6cm，扁半球形至近平展，米黄色至土黄色，伤变浅红褐色，被细微绒毛，边缘不规则。菌刺倒垂锥状，较密，白色，直而脆。菌柄长3.5～5cm，直径0.8～1.3cm，多偏生，近圆柱形或细棒状，基部常膨大，黄白色或与菌盖同色，实心。菌肉白色，无明显味道。担孢子宽椭圆形至近球形，光滑，无色，7.5～8.5×6.5～7.5μm。

生　　境：生于松树林地上。

引证标本：米易县白坡乡，2016年10月22日，何晓兰 SAAS 2574。

分　　布：攀枝花市、会理县、米易县等地。

讨　　论：该种在攀西地区野生菌市场上可见到，但量较少。收集自攀西地区市场上的齿菌属标本与*H. vesterholtii*模式标本的形态相近，ITS序列差异也极小（Olariaga et al., 2012），故将该种鉴定为*H. vesterholtii*；Feng等(2016)通过多基因序列分析结果也证实*H. vesterholtii*在四川及云南等地都有分布。

国内这类标本早期多被鉴定为卷缘齿菌*H. repandum* L.，该种在欧洲和北美被广泛采食。DNA序列分析结果表明*H. repandum* complex中包括了多个不同的系统发育种，其中包括*H. vesterholtii* (Olariaga et al., 2012)。

翘鳞肉齿菌　*Sarcodon imbricatus* (L.) P. Karst.

俗　　名：黑虎掌、獐子菌、老鹰菌

形态特征：菌盖直径4～10cm，初期略呈扁半球形，后逐渐展开，中部下凹，表面被灰褐色至黑褐色大鳞片，菌盖中部鳞片上翘。菌刺延生，长可达1～1.5cm，初期灰白色，成熟后灰褐色。菌柄长2～4.5cm，直径1～2.5cm，中生或稍偏生，近圆柱形，基部通常膨大，初实后中空，灰白色。菌肉浅灰色，无明显味道。担孢子多角形，具疣突，浅褐色，7～9×4.5～6μm。

生　　境：生于云杉林地上。

引证标本：甘孜州道孚县龙灯乡，2017年9月7日，何晓兰SAAS 2793。

分　　布：康定市、雅江县、道孚县、炉霍县、木里县、马尔康市、九寨沟县等。

讨　　论：该种是四川藏区一种重要的野生菌种类，在四川藏区分布较广，天然产量大，攀西地区也有少量分布。翘鳞肉齿菌口感和味道较好，食用价值和经济价值较高，近年来，其市场售价不断提高。四川市场上售卖的“獐子菌”（*Sarcodon*）以翘鳞肉齿菌为主，此外还包括*S. squamosus*、*S. aspratus*以及5个未被认识的系统发育种，它们常被混在一起售卖，大多数形态上难以区分。

*Sarcodon squamosus*曾被作为翘鳞肉齿菌的异名来对待，但ITS序列和形态学分析结果表明它们是两个不同的物种。此外，翘鳞肉齿菌生长于云杉林中，而*S. squamosus*生长于松树林中（Johannesson et al., 1999）。

灰白肉齿菌 *Sarcodon leucopus* (Pers.) Maas Geest. & Nannf.

俗　　名：马鹿菌、鹿子菌

形态特征：菌盖直径5～12cm，初期略呈扁半球形，后逐渐展开，表面烟灰色，有时略带紫灰色色调，光滑，伤变紫灰褐色。菌刺延生，长可达1～1.5cm，初期灰白色，成熟后浅灰色，伤变紫灰褐色。菌柄稍偏生，长3～5cm，直径1～2.5cm，近圆柱形，初实后中空，与菌盖同色。菌肉浅灰色，味苦。担孢子多角形或不规则形，浅褐色，7.0～8.0×5.0～6.0μm。

生　　境：生于栎树与松树混交林地上。

引证标本：甘孜州九龙县野生菌市场，2017年9月8日，何晓兰SAAS 2875。

分　　布：雅江县、九龙县、木里县等地。

讨　　论：在四川境内，该种产量较翘鳞肉齿少，但在甘孜州雅江县、九龙县和凉山州木里县市场较为常见，其他地区仅零星可见。

该种味道较苦。

黄褐肉齿菌 *Sarcodon* sp.

俗　　名：老鹰菌、獐子菌

形态特征：菌盖直径4～10cm，扁平至近平展，中部略下凹，表面黄褐色，边缘颜色稍浅，被褐色鳞片，菌盖中部鳞片粗大，上翘，菌盖边缘近光滑。菌刺延生，初期灰白色，成熟后浅灰色，伤变紫灰褐色。菌柄侧生至中生，长3～7cm，直径1～1.6cm，近圆柱形，实心，比菌盖颜色浅，切开后菌柄基部约1cm处呈蓝绿色至蓝黑色。菌肉米黄色至米灰色，味道不明显或略带苦味。担孢子不规则，表面瘤状，浅褐色，5.0～6.0×3.5～5.5μm。

生　　境：生于云杉与冷杉林地上。

引证标本：阿坝州小金县市场，2020年8月1日，何晓兰SAAS 3844。

分　　布：小金县、理县、九龙县等地。

讨　　论：该种在甘孜州和阿坝州多地市场上都较常见，但量通常较少，有时与翘鳞肉齿菌等混在一起售卖。

形态学上该种与翘鳞肉齿菌存在明显差异，DNA序列分析结果也表明它们是两个完全不同的物种。

附 录

四川多地都有交易和采食的东方桩菇和卷边桩菇存在较严重中毒的风险，不建议采食，故未收录在正文中，仅将其记录在此。

1. 卷边桩菇 *Paxillus involutus* (Batsch) Fr.

俗　　名：酸酸菌、白杨菌

形态特征：菌盖直径5～9cm，幼时扁半球形，成熟后渐平展，中部下凹，边缘内卷，黄褐色，表面近光滑，受伤后变锈褐色。菌褶延生，较密，黄白色，受伤后变锈褐色。菌柄长3～6cm，直径0.5～1.5cm，近圆柱形，实心，与菌盖同色。担孢子椭圆形，光滑，浅锈褐色，7.5～9.5 × 4.5～5.5μm。

生　　境：生于杨树林地上。

引证标本：金川县马尔帮，2014年9月5日，何晓兰 SAAS 1831。

分　　布：小金县、金川县、稻城县等地。

讨　　论：该种在小金县野生菌市场上较常见，稻城县一带当地居民也大量采食，据产地民众称该菌吃起来有一种酸酸的味道，因此称其为“酸酸菌”。也有文献报道该种有毒（陈作红等，2016）。

我国文献中记载的卷边桩菇可能代表了多个不同的物种。

2. 东方桩菇 *Paxillus orientalis* Gelardi, Vizzini, E. Horak & G. Wu

俗　　名：桤木菌

形态特征：菌盖直径3.5～6cm，浅陋斗形，边缘内卷，浅黄褐色至浅灰褐色，被褐色鳞片。菌褶延生，较密，污黄色，受伤后变肉褐色至浅锈褐色。菌柄长2～5cm，直径0.5～1cm，近圆柱形，实心，污黄色至浅黄褐色。担孢子椭圆形，光滑，浅锈褐色，6.0～8.0 × 4.0～5.0μm。

生　　境：生于桤木林中地上。

引证标本：金堂县栖贤乡尖山村，2018年10月1日，何晓兰SAAS 3110。

分　　布：金堂、中江、昭觉等地。

讨　　论：该种模式标本采自云南（Gelardi et al., 2013），但在四川多地都较为常见，其天然产量较大，产地老百姓多有采食。有文献报道该种有毒（陈作红等，2016），但在成都周围一些地区，如金堂、中江等地，民众大量采食；在石棉县、冕宁县、昭觉县等地市场也可见到该种出售。该种一般在秋季雨后大量出菇，当地有许多专门收购的商贩，其市场收购价可观，鲜品价格为20～50元/斤。

据当地老百姓称，该种口感细腻，味道较好。

参考文献

陈颖，孙红，张树斌，等 .2009. 肉色香蘑子实体提取物的体外抗氧化与抗肿瘤活性研究 . 食品科学 , 30（23）: 214-217.

陈作红，杨祝良，图力古尔，等 .2016. 毒蘑菇识别与中毒防治 . 北京：科学出版社 .

戴贤才，李泰辉，张伟 , 等 .1994. 四川省甘孜州菌类志 . 成都：四川科学技术出版社 .

戴玉成，杨祝良 .2008. 中国药用真菌名录及部分名称的修订 . 菌物学报 , 27（6）: 801-824.

戴玉成，周丽伟，杨祝良，等 .2010. 中国食用真菌名录 . 菌物学报 , 29（1）: 1-21.

方清茂，赵军宁 .2020. 四川省中药资源志要 . 成都：四川科学技术出版社 .

贺新生 .2011. 四川盆地蕈菌图志 . 北京：科学出版社 .

李文虎，秦云松 .1991. 四川大型真菌资源调查研究 . 真菌学报，10（3）: 208-216.

李玉，李泰辉，杨祝良，等 .2015. 中国大型菌物资源图鉴 . 郑州：中原农民出版社 .

刘波 .1974. 中国药用真菌 . 太原：山西人民出版社 .

刘培贵 .1994. 我国西南拟白蘑属的分类 . 真菌学报，13（3）: 801-824.

四川植被协作组 .1980. 四川植被 . 成都：四川人民出版社 .

王向华，刘培贵，于富强 .2004. 云南野生商品蘑菇图鉴 . 昆明：云南科技出版社 .

吴芳 .2016. 木耳属的分类与系统发育研究 . 北京：北京林业大学 .

袁明生，孙佩琼 .1995. 四川蕈菌 . 成都：四川科学技术出版社 .

袁明生，孙佩琼 .2007. 中国蕈菌原色图集 . 成都：四川科学技术出版社 .

杨祝良 .2005. 中国真菌志：第二十七卷 鹅膏科 . 北京：科学出版社 .

杨祝良 .2015. 中国鹅膏科真菌图志 . 北京：科学出版社 .

应建浙，文华安，宗毓臣，等 .1994. 川西地区大型经济真菌 . 北京：科学出版社 .

应建浙，臧牧，宗毓臣，等 .1994. 西南地区大型经济真菌 . 北京：科学出版社 .

臧穆 .2006. 中国真菌志：第二十二卷 牛肝菌科 I. 北京：科学出版社 .

臧穆，李滨，郗建勋 .1996. 横断山区真菌 . 北京：科学出版社 .

Aremu MO, Basu SK, Gyar SD, et al. 2009. Proximate composition and functional properties of mushroom flours from *Ganoderma* spp., *Omphalotusolearius* (DC.) Sing. and *Hebeloma mesophaeum* (Pers.) Qu é l. Used in Nasarawa State, Nigeria. Mal. J. Nutr.,15(2): 233-241.

Arora D, Frank J L. 2014. Clarifying the butter Boletes: a new genus, *Butyriboletus*, is established to accommodate *Boletus* sect. *Appendiculati*, and six new species are described. Mycologia, 106: 464-80.

Aungaudchariya A, Bangrak P, Dell B, et al. 2012. Preliminary molecular identification of *Boletus griseipurpureus* Corner from

Thailand and its nutritional value. Journal of Agricultural Technology, 8: 1991e1998.

Bandara AR, Chen J, Karunarathna S, et al. 2015. *Auricularia thailandica* sp. nov. (Auriculariaceae, Auriculariales) a widely distributed species from southeastern Asia. Phytotaxa ,208(2): 147-156.

Berkeley MJ, Broome CE. 1871. The fungi of Ceylon. (Hymenomycetes, from *Agaricus* to *Cantharellus*). Botanical Journal of the Linnean Society, 11: 494-567.

Buyck B, Mitchell D, Parrent J. 2006. *Russula parvovirescens* sp. nov., a common but ignored species in the eastern United States. Mycologia, 98(4): 612-615.

Cao JZ, Liu B.1990. A new species of *Helvella* from China. Mycologia, 82: 642-643.

Cao Y, Wu SH, Dai YC. 2012. Species clarification of the prize medicinal *Ganoderma* mushroom "Lingzhi". Fungal Diversity, 56(1): 49-62.

Carrasco–Hernandez V, Perez–Moreno J, Quintero–Lizaola R, et al. 2015. Edible species of the fungal genus *Hebeloma* and two neotropical pines. Pakistan Journal of Botany ,47(1): 319-326.

Chai H, Liang ZQ, Xue R, et al. 2019. New and noteworthy boletes from subtropical and tropical China. MycoKeys, 46(3): 55-96.

Chiu WF. 1948. The boletes of Yunnan. Mycologia, 40:199-231.

Cui YY, Feng B, Wu G, et al. 2016. Porcini mushrooms (*Boletus* sect. *Boletus*) from China. Fungal Diversity, 81(1): 189-212.

Cui YY, Cai Q, Tang LP, et al.2018. The family Amanitaceae: molecular phylogeny, higher–rank taxonomy and the species in China. Fungal Diversity, 91: 5-230.

Dai YC, Wang Z, Binder M, et al.2006. Phylogeny and a new species of *Sparassis* (Polyporales, Basidiomycota): evidence from mitochondrial atp6, nuclear rDNA and rpb2 genes. Mycologia, 98(4): 584-592.

Den Bakker HC, Noordeloos ME. 2005. A revision of European species of *Leccinum* Gray and notes on extralimital species. Persoonia, 18: 511-587.

Den Bakker HC, Zuccarello GC, Kuyper TW, et al.2004 Evolution and host specificity in the ectomycorrhizal genus *Leccinum*. New Phytologist, 163(1): 201-215.

Dentinger BT. 2013. Nomenclatural novelties: Bryn Dentinger. Index Fungorum no. 29:1. http://www.indexfungorum.org/Publications/Index%20Fungorum%20no.29. pdf. Accessed 12 Oct 2013.

Dentinger BT, Suz LM. 2014. What' s for dinner? Undescribed species of porcini in a commercial packet. Peer J ,2: e570.

Doljak B, Stegnar M, Urleb U, et al. 2001. Screening for selective thrombin inhibitors in mushrooms. Blood coagulation and fibrinolysis, 12(2): 123-128.

Endo N, Fangfuk W, Kodaira M, et al. 2017. Reevaluation of Japanese *Amanita* section *Caesareae* species with yellow and brown pileus with descriptions of *Amanita kitamagotake* and *A. chatamagotake* spp. nov. Mycoscience ,58(6): 457-471.

Feng B, Xu JP, Wu G, et al. 2012. DNA sequence analyses reveal abundant diversity, endemism and evidence for Asian origin of the porcini mushrooms. PLoS One, 7: e37567.

Feng B, Wang X, Ratkowsky D, et al. 2016. Multilocus phylogenetic analyses reveal unexpected abundant diversity and significant disjunct distribution pattern of the Hedgehog Mushrooms (*Hydnum* L.). Sci. Rep., 6(1): 25586.

Gelardi M, Vizzini A, Horak E, et al. 2013. *Paxillus orientalis* sp. nov. (Paxillaceae, Boletales) from south–western China based on morphological and molecular data and proposal of the new subgenus *Alnopaxillus*. Mycological Progress, 13(2): 333-342.

Gelardi M, Simonini G, Vizzini A. 2014. *Neoboletus*. Index Fungorum ,192: 1.

Gelardi M, Vizzini A, Ercole E, et al. 2015. New collection, iconography and molecular evidence for *Tylopilus neofelleus* (Boletaceae, Boletoideae) from southwestern China and the taxonomic status of *T. plumbeoviolaceoides* and *T. microsporus*. Mycoscience, 56(4): 373-386.

Halling RE, Nuhn M, Fechner NA, et al. 2012. *Sutorius*: a new genus for *Boletus eximius*. Mycologia, 104(4): 951-961.

Hao YJ, Zhao Q, Wang SX, et al. 2016. What is the radicate *Oudemansiella* cultivated in China? Phytotaxa, 286(1): 1-12.

Hongo T. 1974. Notes on Japanese larger fungi 21. J. Jap. Bot., 49: 294-305.

Huang HY, Yang SD, Zeng NK, et al. 2018. *Hygrophorus parvirussula* sp. nov., a new edible mushroom from southwestern China. Phytotaxa, 373(2): 139.

Hyde KD, Norphanphoun C, Abreu VP, et al. 2017. Fungal diversity notes 603-708: taxonomic and phylogenetic notes on genera and species. Fungal Diversity, 87(1): 1-235.

Johannesson H, Ryman S, Lundmark H, et al. 1999. *Sarcodon imbricatus* and *S. squamosus* — two confused species. Mycological Research, 103(11): 1447-1452.

Kuo M, Dewsbury DR, Donnell KO, et al. 2012. Taxonomic revision of true morels (*Morchella*) in Canada and the United States. Mycologia, 104(5): 1159-1177.

Larsson E, Jacobsson S. 2004. Controversy over *Hygrophorus cossus* settled using ITS sequence data from 200 year–old type material. Mycological Research, 108(7): 781-786.

Li H, Wei H, Peng H, et al. 2013. *Boletus roseoflavus*, a new species of *Boletus* section *Appendiculati* from China. Mycological Progress, 24(1): 1-11.

Li TH, Hu HP, Deng WQ, et al. 2015. *Ganoderma leucocontextum*, a new member of the *G. lucidum* complex from southwestern China. Mycoscience, 56: 81-85.

Liimatainen K, Niskanen T, Dima B, et al. 2014. The largest type study of Agaricales species to date: bringing identification and nomenclature of *Phlegmacium* (*Cortinarius*) into the DNA era. Persoonia, 33: 98-140.

Liu B, Cao JZ, Liu MH. 1987. Two new species of the genus *Wynnea* from China with a key to known species. Mycotaxon, 30: 465-471.

Moncalvo JM, Cl é mencon H. 1992. A comparative study of fruit body morphology and culture characters in the *Lyophyllum decastes* complex (Agaricales, Basidiomycetes) from Japan and Europe. Trans. Mycol. Soc. Jpn .,33: 3-11.

Moncalvo JM, Cl é mencon H. 1994. Enzymatic studies as an aid to the taxonomy of the *Lyophyllum decastes* complex. Mycological Research ,98(4): 375-383.

Montoya A, Hern á ndez N, Mapes C, et al. 2008. The collection and sale of wild mushrooms in a community of Tlaxcala, Mexico. Economic Botany, 62(3): 413-424.

Naseer A, Khalid AN, Healy R, et al.2019. Two new species of *Hygrophorus* from temperate Himalayan Oak forests of Pakistan. MycoKeys, 56: 33-47.

Neves MA, Halling RE. 2010. Study on species of *Phylloporus* I: Neotropics and North America. Mycologia, 102: 923-943.

Olariaga I, Grebenc T, Salcedo I, et al. 2012. Two new species of *Hydnum* with ovoid basidiospores: *H. ovoideisporum* and *H. vesterholtii.* Mycologia, 104(6):1443-1455.

Pegler DN, Vanhaecke M. 1994. *Termitomyces* of south–east Asia. Kew Bulletin ,49: 717-736.

Peintner U, Horak E, Meinhard M, et al. 2002. *Rozites*, *Cuphocybe* and *Rapacea* are taxonomic synonyms of *Cortinarius*: New combinations and new names. Mycotaxon, 83(4): 447-51.

Popa F, Rexer KH, Donges K, et al. 2014. Three new *Laccaria* species from Southwest China (Yunnan). Mycological Progress ,13(4): 1105-1117.

P é rez–Moreno J, Mart í nez–Reyes M, Yesca–P é rez A, et al. 2008. Wild mushroom markets in central Mexico and a case study at Ozumba. Economic Botany, 62(3): 425-436.

Reschke K, Popa F, Yang ZL, et al. 2018. Diversity and taxonomy of *Tricholoma* species from Yunnan, China, and notes on species from Europe and North America. Mycologia, 110(6): 1-29.

Ryoo R, Anton í n V, Ka KH, et al. 2016. Marasmioid and gymnopoid fungi of the Republic of Korea. 8. *Gymnopus* section *Impudicae*. Phytotaxa, 286(2): 75-88.

Shao SH, Buyck B, Tian XF, et al. 2016a. *Cantharellus phloginus*, a new pink–colored species from southwestern China. Mycoscience, 57: 144-149.

Shao SH, Liu PG, Tian XF, et al. 2016b. A new species of *Cantharellus* (Cantharellales) from subalpine forest in Shangri–la, Yunnan, China. Phytotaxa, 252(4): 273-279.

Song J, Chen YY, Cui BK, et al. 2014. Morphological and molecular evidence for two new species of *Laetiporus* (Basidiomycota, Polyporales) from southwestern China. Mycologia, 106(5): 1039-1050.

Song J, Sun YF, Ji X, et al. 2018. Phylogeny and taxonomy of *Laetiporus* (Basidiomycota, Polyporales) with descriptions of two new species from western China. MycoKeys, 37: 57-71.

Sung GH, Hywel–Jones N, Sung JM, et al. 2007. Phylogenetic Classification of *Cordyceps* and the Clavicipitaceous Fungi. Studies in Mycology, 57(1): 5-59.

Van de Putte K, Nuytinck J, Stubbe D, et al. 2010. *Lactarius volemus* sensu lato (Russulales) from northern Thailand: morphological and phylogenetic species concepts Explored. Fungal Diversity, 45(1): 99-130.

Vincenot L, Popa F, Laso F, et al. 2017. Out of Asia: Biogeography of fungal populations reveals Asian origin of diversification of the *Laccaria amethystina* complex, and two new species of violet *Laccaria*. Fungal Biology, 121: 939-955.

Vizzini A, Antonin V, Sesli E, et al. 2015. *Gymnopus trabzonensis* sp. nov. (Omphalotaceae) and *Tricholoma virgatum* var. *fulvoumbonatum* var. nov. (Tricholomataceae), two new white–spored agarics from Turkey. Phytotaxa, 226(2): 119-130.

Voitk A, Beug MW, O' Donnell K, et al. 2016. Two new species of true morels from Newfoundland and Labrador: cosmopolitan *Morchella eohespera* and parochial *M. laurentiana*. Mycologia, 108: 31-37.

Wang CQ, Li TH, Wang XH, et al. 2021. *Hygrophorus annulatus*, a new edible member of *H. olivaceoalbus*–complex from southwestern China. Mycoscience, 62: 137-142.

Wang CQ, Li TH. 2020. *Hygrophorus deliciosus* (Hygrophoraceae, Agaricales), a popular edible mushroom of the *H. russula*–

complex from southwestern China. Phytotaxa, 449(3): 232-242.

Wang XC, Xi RJ, Li Y, et al. 2012. The Species Identity of the Widely Cultivated *Ganoderma*, '*G. lucidum*' (Ling–zhi), in China. PloS one, 7: e40857.

Wang XH. 2016. Three New Species of *Lactarius* Sect. *Deliciosi* from Subalpine–Alpine Regions of Central and Southwestern China. Cryptogamie Mycologie, 37(4): 493-508.

Wang XH. 2017. Seven new species of *Lactarius* subg. *Lactarius* (Russulaceae) from southwestern China. Mycosystema, 36: 1463-1482.

Wang XH, Verbeken A. 2006. Three new species of *Lactarius* subgenus *Lactiflui* (Russulaceae, Russulales) in southwestern China. Nova Hedwigia, 83: 167-176.

Wang XH, Nuytinck J, Verbeken A. 2015. *Lactarius vividus* sp. nov. (Russulaceae, Russulales), a widely distributed edible mushroom in central and southern China. Phytotaxa, 231(1): 063-072.

Wang XH, Yang ZL, Li YC, et al. 2009. *Russula griseocarnosa* sp. nov. (Russulaceae, Russulales), a commercially important edible mushroom in tropical China: mycorrhiza, phylogenetic position, and taxonomy. Nova Hedwigia, 88: 269-282.

Wang XH, Buyck B, Verbeken A, et al. 2015. Revisiting the morphology and phylogeny of *Lactifluus* with three new lineages from southern China. Mycologia, 107: 941-958.

Watling R, Milne J. 2006. A new species of *Boletopsis* Associated with *Pinus sylvestris* L. in Scotland. Botanical Journal of Scotland, 58(1): 81-92.

Wei TZ, Yao YJ, Wang B, et al. 2004. *Termitomyces bulborhizus* sp. nov. from China, with a key to allied species. Mycological Research, 108(12): 1458-1462.

Wisitrassameewong K, Nuytinck J, Le HT, et al. 2015. *Lactarius* subgenus *Russularia* (Russulaceae) in South–East Asia: 3. new diversity in Thailand and Vietnam. Phytotaxa, 207(3): 215-241.

Wu F, Yuan Y, Malysheva V, et al. 2014. Species clarification of the most important and cultivated *Auricularia* mushroom "Heimuer" : evidence from morphological and molecular data. Phytotaxa, 186(5): 241-253.

Wu F, Zhou LW, Yang ZL, et al. 2019. Resource diversity of Chinese macrofungi: edible, medicinal and poisonous species. Fungal Diversity, 98: 1-76.

Wu G, Feng B, Xu J, et al. 2014. Molecular phylogenetic analyses redefine seven major clades and reveal 22 new generic clades in the fungal family Boletaceae. Fungal Diversity, 69(1): 93-115.

Wu G, Zhao K, Li YC, et al. 2016a. Four new genera of the fungal family Boletaceae. Fungal Diversity, 81(1): 1-24.

Wu G, Li Y C, Zhu X T, et al. 2016b. One hundred noteworthy boletes from China. Fungal Diversity, 81(1): 25-18.

Yang ZL. 1997. Die Amanita–Arten von S ü dwestchina. Bibl. Mycol., 170: 1-240.

Yin X, Feng T, Shang J H, et al. 2014. Chemical and Toxicological Investigations of a Previously Unknown Poisonous European Mushroom *Tricholoma terreum*. Chemistry–A European Journal, 20(23): 7001-7009.

Zeng NK, Liang ZQ, Wu G, et al.2016. The genus *Retiboletus* in China. Mycologia, 108(2): 363-380.

Zeng NK, Chai H, Liang ZQ, et al.2018. The genus *Heimioporus* in China. Mycologia, 110: 1110-1126.

Zhao K, Shao HM .2017. A new edible bolete, *Rubroboletus esculentus,* from southwestern China. Phytotaxa, 303 (3): 243-252.

Zhang R, Mueller GM, Shi XF, et al. 2017. Two new species in the *Suillus spraguei* complex from China. Mycologia, 109(2): 296-307.

Zhao Q, Feng B, Yang ZL, et al. 2013. New species and distinctive geographical divergences of the genus *Sparassis* (Basidiomycota): evidence from morphological and molecular data. Mycological Progress, 12(2): 445-454.

Zhao Q, Bau T, Zhao YC, et al. 2015. Species diversity within the *Helvella crispa* group (Ascomycota: Helvellaceae) in China. Phytotaxa, 239(2): 130-142.

Zhao Q, Sulayman M, Zhu XT, et al. 2016. Species clarification of the culinary Bachu mushroom in western China. Mycologia, 108: 828-836.

真菌汉语名索引

A
暗褐脉柄牛肝菌 144
暗褐网柄牛肝菌 146

B
白黄蜡伞 59
白灰口蘑 117
白牛肝菌 131
白肉灵芝 176
白条盖鹅膏 38
薄盖鸡油菌 125
变黄喇叭菌 127
变绿红菇 106
变形多型丝膜菌 51

C
草鸡纵鹅膏 37
黄新牛肝菌 141
蝉花 20
常见羊肚菌 26
超群异色牛肝菌 157
橙红乳菇 69
橙黄疣柄牛肝菌 140
橙色蜡蘑 64
臭红菇 103
粗壮杯伞 48

D
大白桩菇 89
大孢地花菌 173
大丛耳菌 34
大团囊弯颈霉 28
淡红枝瑚菌 165
淡紫枝瑚菌 166
邓氏牛肝菌 158
地花菌 171
点柄乳牛肝菌 153
东方钉菇 129
东方皱马鞍菌 19
东方桩菇 192
冬虫夏草 27
豆马勃 162
盾形蚁巢伞 108
多纹裸脚菇 56
多汁乳菇 84

F
发光假蜜环菌 52
肺形侧耳 96
粉褶白环蘑 88

G
高脚葱海氏牛肝菌 138
高山乳牛肝菌 151
高山丝膜菌 50
广叶绣球菌 179

H
褐孔皱盖牛肝菌 149
黑木耳 161
红柄枝瑚菌 167
红青冈蜡伞 61
红汁乳菇 73
猴头菌 183
厚环乳牛肝菌 154
花盖红菇 100
花脸香蘑 87
华丽新牛肝菌 143
环纹硫磺菌 178
黄褐鹅膏 40
黄褐肉齿菌 189
黄褐乳菇 70
黄蜡鹅膏 39
黄绿卷毛菇 53
黄新牛肝菌 142
灰白肉齿菌 188
灰绿多汁乳菇 79
灰肉红菇近似种 104
会东块菌 30

J
鸡油菌 122
集生亚齿菌 184
假红汁乳菇 74
假松口蘑 112
假稀褶多汁乳菇 81
假喜马拉雅块菌 33
假小美黄肉牛肝菌 133
角鳞灰鹅膏 42
芥味黏滑菇 57
金红菇 98
近短柄乳菇 76
近粉绒多汁乳菇 82
近缘虎皮乳牛肝菌 156
酒红蜡蘑 67
卷边桩菇 191

K
考夫曼网柄牛肝菌 147
可食红孔牛肝菌 148

L
兰茂牛肝菌 139
蓝灰地花菌 174
老人头松苞菇 46
冷杉乳菇 68
离生枝瑚菌 164
靓丽乳菇 78
灵芝 177
卵孢小奥德蘑 94

绿盖裘氏牛肝菌 137

M
毛钉菇 128
玫瑰红菇 105
玫黄黄肉牛肝菌 134
美味红菇 101
美味漏斗伞 63
迷惑拟牛肝菌 181
密褶红菇 102
密褶裸脚菇 55
墨水蜡蘑 66

N
黏盖乳牛肝菌 152

P
攀枝花白块菌 32

Q
七妹羊肚菌 22
奇丝地花菌 172
奇异弯颈霉 29
浅灰乳牛肝菌 155
浅紫暗金钱菌 95
翘鳞肉齿菌 187
秋天羊肚菌 23
球根蚁巢伞 107

R
绒柄裸脚菇 54
绒盖美柄牛肝菌 136
肉色香蘑 86

S
三地羊肚菌 21
珊瑚状猴头菌 182
狮黄多汁乳菇近似种 80
食用牛肝菌 132
双色蜡蘑 65
松口蘑 114
松毛须腹菌 168
松乳菇 71

T
桃红鸡油菌 124
梯棱羊肚菌 24
突顶口蘑 119

W
晚生红菇 99
韦氏齿菌 186

X
喜山丝膜菌 49
香菇 85
香亚环纹乳菇 77
小果蚁巢伞近似种 110
小灰蚁巢伞 111

小鸡油菌 123
小离褶伞 93
新苦粉孢牛肝菌 159
雪松枝瑚菌 163

Y
亚高山松苞菇 47
亚牛舌菌 175
烟色红菇 97
烟色离褶伞 91
彝族黄肉牛肝菌 135
银白离褶伞 90
印度块菌 31
尤氏齿菌 185
油口蘑 113
有环蜡伞 60
玉蕈离褶伞 92
袁氏鹅膏 43

远东皱盖牛肝菌 150
云南硬皮马勃 169
云南褶孔牛肝菌 145
云杉乳菇 72

Z
杂色鸡油菌 126
皂味口蘑 115
赭红拟口蘑近似种 120
真根蚁巢伞 109
中华鹅膏 41
中华环纹乳菇 75
中华灰褐纹口蘑 116
中华热带多汁乳菇 83
壮丽松苞菇 44
紫褐羊肚菌 25
紫红蜡伞近似种 62
棕灰口蘑 118

真菌拉丁名索引

A

Albatrellus confluens 171
Albatrellus dispansus 172
Albatrellus ellisii 173
Albatrellus sp. 174
Amanita caojizong 37
Amanita chepangiana 38
Amanita kitamagotake 39
Amanita ochracea 40
Amanita sinensis 41
Amanita spissacea 42
Amanita yuaniana 43
Auricularia heimuer 161

B

Boletopsis perplexa 181
Boletus bainiugan 131
Boletus shiyong 132
Butyriboletus pseudospeciosus 133
Butyriboletus roseoflavus 134
Butyriboletus yicibus 135

C

Caloboletus panniformis 136
Cantharellus cibarius 122
Cantharellus minor 123
Cantharellus phloginus 124
Cantharellus sp. 125
Cantharellus versicolor 126
Catathelasma imperiale 44
Catathelasma laorentou 46
Catathelasma subalpinum 47
Chiua virens 137
Clitocybe robusta 48
Cortinarius emodensis 49
Cortinarius sp. 50
Cortinarius talimultiformis 51
Craterellus lutescens 127

D

Desarmillaria tabescens 52

F

Fistulina subhepatica 175
Floccularia luteovirens 53

G

Ganoderma leucocontextum 176
Ganoderma lingzhi 177
Gomphus floccosus 128

Gomphus orientalis 129
Gymnopus confluens 54
Gymnopus densilamellatus 55
Gymnopus polygrammus 56

H
Hebeloma sinapizans 57
Heimioporus gaojiaocong 138
Helvella orienticrispa 19
Hericium coralloides 182
Hericium erinaceum 183
Hydnellum cumulatum 184
Hydnum jussii 185
Hydnum vesterholtii 186
Hygrophorus alboflavescens 59
Hygrophorus annulatus 60
Hygrophorus aff. *purpurscens* 62
Hygrophorus deliciosus 61

I
Infundibulicybe sp. 63
Isaria cicadae 20

L
Laccaria aurantia 64
Laccaria bicolor 65
Laccaria moshuijun 66
Laccaria vinaceoavellanea 67
Lactarius abieticola 68
Lactarius akahatsu 69
Lactarius cinnamomeus 70
Lactarius deliciosus 71
Lactarius deterrimus 72
Lactarius hatsudake 73
Lactarius pseudohatsudake 74
Lactarius sinozonarius 75
Lactarius subbrevipes 76
Lactarius subzonarius 77
Lactarius vividus 78
Lactifluus glaucescens 79
Lactifluus aff. *leoninus* 80
Lactifluus pseudohygrophoroides 81
Lactifluus subpruinosus 82
Lactifluus tropicosinicus 83
Lactifluus volemus 84
Laetiporus zonatus 178
Lanmaoa asiatica 139
Leccinum aurantiacum 140
Lentinula edodes 85
Lepista irina 86
Lepista sordida 87
Leucoagaricus leucothites 88
Leucopaxillus giganteus 89
Lyophyllum connatum 90
Lyophyllum fumosum 91
Lyophyllum shimeji 92
Lyophyllum sp. 93

M
Morchella eohespera 21

Morchella eximia 22
Morchella galilaea 23
Morchella importuna 24
Morchella purpurascens 25
Morchella sp. 26

N

Neoboletus brunneissimus 141
Neoboletus flavidus 142
Neoboletus magnificus 143

O

Ophiocordyceps sinensis 27
Oudemansiella raphanipes 94

P

Paxillus involutus 191
Paxillus orientalis 192
Phaeocollybia sp. 95
Phlebopus portentosus 144
Phylloporus yunnanensis 145
Pisolithus arhizus 162
Pleurotus pulmonarius 96

R

Ramaria cedretorum 163
Ramaria distinctissima 164
Ramaria hemirubella 165
Ramaria pallidolilacina 166
Ramaria sanguinipes 167
Retiboletus fuscus 146
Retiboletus kauffmanii 147
Rhizopogon songmaodan 168
Rubroboletus esculentus 148
Rugiboletus brunneiporus 149
Rugiboletus extremiorientalis 150
Russula adusta 97
Russula aff. *griseocarnosa* 104
Russula aurea 98
Russula cessans 99
Russula cyanoxantha 100
Russula delica 101
Russula densifolia 102
Russula foetens 103
Russula rosea 105
Russula virescens 106

S

Sarcodon imbricatus 187
Sarcodon leucopus 188
Sarcodon sp. 189
Scleroderma yunnanense 169
Sparassis latifolia 179
Suillus alpinus 151
Suillus bovinus 152
Suillus granulatus 153
Suillus grevillei 154
Suillus grisellus 155
Suillus phylopictus 156
Sutorius eximius 157

T

Tengioboletus reticulatus 158

Termitomyces aff. *microcarpus* 110

Termitomyces bulborhizus 107

Termitomyces clypeatus 108

Termitomyces eurrhizus 109

Termitomyces sp. 111

Tolypocladium ophioglossoides 28

Tolypocladium paradoxum 29

Tricholoma bakamatsutake 112

Tricholoma equestre 113

Tricholoma matsutake 114

Tricholoma saponaceum 115

Tricholoma sinoportentosum 116

Tricholoma sp. 117

Tricholoma terreum 118

Tricholoma virgatum 119

Tricholomopsis aff. *rutilans* 120

Tuber huidongense 30

Tuber indicum 31

Tuber panzhihuanense 32

Tuber pseudohimalayense 33

Tylopilus neofelleus 159

W

Wynnea gigantea 34